U0901524

IQ智商

儿童潜能开发专家 彭爱华 著

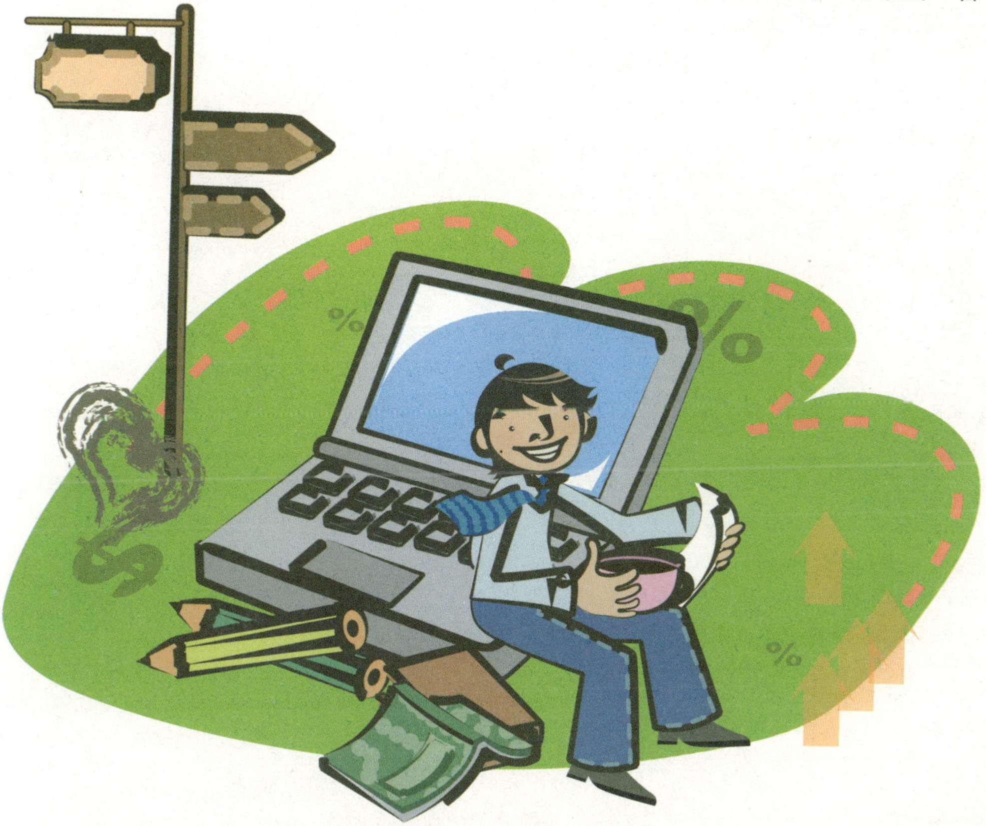

天津科学技术出版社

图书在版编目(CIP)数据

培养未来的孩子．IQ智商 / 彭爱华著．—
天津：天津科学技术出版社，2012.5
ISBN 978-7-5308-7009-9

Ⅰ．①培… Ⅱ．①彭… Ⅲ．①少年儿童－智商－能力培养 Ⅳ．①G61②B841.7

中国版本图书馆CIP数据核字(2012)第085153号

责任编辑：刘　磊
编辑助理：王　璐
责任印制：兰　毅

天津科学技术出版社出版
出版人：蔡　颢
天津市西康路35号　邮编 300051
电话（022）23332695（编辑室）　23332393（发行部）
网址：www.tjkjcbs.com.cn
新华书店经销
北京海德印务有限公司印刷

开本 690×960　1/16　印张 8.5　字数 100 000
2012年5月第1版第1次印刷
定价：25.00元

推荐序

开发潜能，提升IQ

家庭教育专家 陈大为

每个人都会有与生俱来的潜能，这些潜能能不能被充分运用、充分发挥，要看是否能被完整地开发，而开发的关键，则是从小开始。

本书包含了60个提升孩子IQ的小秘诀。从提升记忆力开始，一直到提升想象力，共分为五个部分来做系统化训练，它们分别是提升记忆力、提升观察力、提升注意力、提升思维力、提升想象力，每个部分都提供了提升IQ的方法，并附有练习题，让小朋友可以按部就班，循序渐进，一步一步借着简单易懂的说明，加上生活化、趣味性的练习，自然而然地开发潜能，希望本书对小朋友们提升IQ有所启发。

珍惜自己与生俱来的天赋，将它最大地发挥。不管是在学习上，还是在人生发展上，都将会有很大的帮助，希望每一位小朋友都能从本书中得到一些属于自己的启发与帮助。

序

IQ尚未提升，小朋友们仍需努力

相信如果有人对你说："你的IQ很高哦！"你会觉得很满意吧？但是你知道吗，如果你不努力开发自己的潜能，你就不是拥有IQ满分的小天才哦！所以你要好好激发自己的潜能，就像体操选手，越是练习，技术就会越好，我们大脑也是越使用越聪明、IQ就越高哦！

一般而言，小朋友在9岁的时候，IQ大概发展到了80%；到了12岁的时候，大概已经发展到了93%了！因此，若不在小学毕业以前就赶快开发你的IQ，以后就算是后悔也来不及了！

本书提供的许多方法，可以让你在12岁之前成功地提高IQ，而且这些方法既简单又有趣，你还在等什么呢？这些小练习跟你以前看过的IQ测验可是完全不同的哦！因为你不但能在日常生活中练习，而且还可以跟朋友们在游戏中练习呢！至于练习后所能获得的成果，保证让你大吃一惊！赶快行动吧！

编者

目 录
contents

第一章 拥有超强的记忆力 1

第一章

拥有超强的记忆力

1 环境记忆法真的很不错

你是不是有过这样的经验：

约好了和好朋友一块去图书馆，到了图书馆才发现，自己忘带图书借阅证了。

你只好风风火火地回家去取，但是回家后却怎么也找不着了。

这时就需要“环境记忆法”来帮忙了。

环境记忆法就是回忆某个特定的环境中发生的所有事情。

因此，你回家之后先要仔细想想，上次使用图书借阅证之后将它放在哪里了？

你现在不是需要翻箱倒柜地寻找，而是要冷静地回想上次用过之后的情景。

另外，还可以以现在的环境为中心，仔细想想你经常将图

书借阅证放在什么地方，是不是在进门最近的抽屉里？

也可以回想你以前每次从图书馆回来后，会习惯性地将图书借阅证放在现在的哪个地方。

这样，你就可以有目的地寻找了。

如果你经常做环境记忆法的练习，就能够提升记忆力了。

当然，下次再遇到同样的情况，你就能马上确定东西放在什么地方了。

环境记忆训练题

（1）有空时，仔细想想自己最近都做了些什么事情。

（2）经常回想曾经去过的某个地方，并记住当时的所有环境。

（3）外出游玩时，有意识地关注自己所处环境中的所有事物。

（4）回想一下你和某个朋友见面时的情形。

利用节奏来记忆

你是不是发现在特定的氛围中，记忆的效果才会非常棒呢？

比如，在一个安静的环境中背诵诗歌，或者打开音乐，在音乐的节奏中记忆会更好。

可能还有人喜欢在蹦蹦跳跳中记忆……

这些都是利用了节奏的缘故。

如果你感觉在记忆时进入不了状态，那就打开你喜欢的音乐，或者外出散步，合着走路的节拍记忆。

风靡全世界的“ABCD”歌就是利用了音乐的节奏，从而使人们非常轻松地记住了原本枯燥的26个英文字母。

当你背诵一些跟数字有关的内容时，可以将这些数字看成是歌谱，并给它填上你喜欢的歌词。只要你吟唱自己创作的歌，当然就想起这些数字了。

在记忆一些比较枯燥的理论性内容时，你可以将文字套用到自己熟悉的词牌名中去，也可以将这些内容填入你熟悉的诗歌中去，然后顺着词牌名和诗歌的节奏来记忆，肯定能够长久地记住。

另外，在散步时，

也可以通过控制自己脚步的速度，记忆一些比较烦琐的内容。

说不定，下次到同一个地方就能想起当初记忆的内容。

如果你喜欢荡秋千，就可以随着秋千起落的节奏进行记忆，能记下好多东西呢。

节奏记忆练习

将你认为非常难记的内容，填入你最喜欢的歌曲中。同时，也可以将它填入你最熟悉的诗词中，然后再记忆。试试看，会有什么样的感觉呢？

神奇的快速记忆法

有些同学有这样一个习惯，就是在马上要进行考试和比赛的前几分钟，将考试或比赛内容快速地翻阅一遍。

快速记忆法就是这样的一种记忆方法，它能将大量的内容在很短的时间内记下来。

在剧院或在电视节目中，我们都能看到快速记忆法的精彩表演。

这都是快速记忆法的妙处。

它的确是一种应急的好办法，但快速记忆法也有其自身的诀窍哦。

夸大要记忆的对象，这样就能依靠表象来记忆了；

假如你要记忆一花朵，你可将它想象为一个大花园。

优秀的演员能将很长的台词背诵下来，并且要表演出来，他们大多是将台词与所要表演的动作联系起来，并且与动作所要表示的身体部位一致，这样，就相对简单了。

同时，在快速记忆中要大胆设想，越不合逻辑、荒诞不经的想法越能有效记忆。比如要将火箭与水杯联系起来记忆。你可以想象水杯熄灭了火箭，或者火箭从水杯中飞了出来，这样肯定能加强记忆的效果。

快速记忆试验场

请你在4分钟之内完整地背诵出下面一段话。（加油，相信你完全可以应付。）

人们经常会用“桃李满天下”来赞美老师，这是怎么来的呢？桃李是人们非常喜爱的果品之一，古时曾作为珍品相送，“投我以桃，报之以李”。《史记·李将军列传》载有“桃李不言，下自成蹊”之句，意思是桃李虽然不说话，但果香花美，引来无数人观赏、品尝，树下经常有人流连忘返，走出一条条小道，这就说明人们非常喜爱桃李。“桃李满天下”除了说明桃李栽培数量多、分布地域广之外，还另有一层意思。据北宋司马光的《资治通鉴》记载：狄仁杰荐姚崇等数十人，这些人日后都成为名臣，有人对狄仁杰说：“天下桃李悉在公门矣。”后来便用“桃李满天下”这句成语，比喻一个老师的学生到处都有。唐代白居易诗曰：“令公桃李满天下，何用堂前更种花？”桃李则比喻所培养的优秀人才。

4 复习是遗忘的克星

老师会经常提醒你，英语单词要经常写、经常背，古诗词要不断地背、反复地背。

这是我们每个人都使用过的方法。

这种经常使用的复习方法有时也许很奏效。

比如，你要记住一个陌生的电话号码，恰好你手上没有任何可以马上就写出来的东西，那么，你只有不断地重复这行该死的阿拉伯数字，甚至有时忍不住发出声来，直到最后你认为自己完全记住了为止。

这就是被我们用烂了的记忆方法。

但是这种方法有个很大的缺点，就是非常容易在瞬间遗忘，任凭你怎么想都想不出来。

要克服这种方法的缺点，可以分配好记忆的时间：

一小时之前记住的某些英语单词，现在再仔细地背一遍，晚上睡觉前用很短的时间再过一遍，明天有空背一遍。如此下去一星期、三星期、一个月……

这样将复习的时间慢慢延长，并重复复习的次数，就可以记住所有的东西了。

营养食物

有些食物会提升你的记忆力，千万注意一下哦！

（1）富含维生素C、维生素A和维生素E的蔬菜和水果，对提升你的记忆力有很大帮助。

常见的如香蕉、橘子、猕猴桃以及菠菜、辣椒、西红柿等颜色较深的蔬菜。

（2）你喜欢吃鱼吗？鱼对人脑部的健康很有帮助，经常吃鱼，尤其是多吃鱼头更能使人聪明，增强记忆力。

5 调动五感的全方位记忆法

你是不是有过这样的经历：

当你记忆的时候，如果仅仅依靠大脑和眼睛，那么记东西总是有点吃力。

但是，如果动用了听觉、嗅觉、触觉、味觉等感官，则经常会收到意想不到的效果。比如：

（1）你在放学回家的路上背诵九九乘法表，可以在自己熟悉的道路上找到八个标志性的事物，比如它们分别是：旅馆、书店、音像店、体育场、比萨店、花店、电话亭、小河。

（2）你就可以在旅馆前背诵2的乘法，在书店前背诵3的乘法，以此类推。

只要你认真记住了，在第二天放学回家的路上，你就很可能在旅馆前记起2的乘法。

（3）在音像店前想起4的乘法。

由于你在背诵4的乘法时，刚好音像店里传出了你熟悉的音乐，因此以后当你再听到这首歌时，肯定会不由自主地想起音像店和4的乘法。

（4）看到比萨店就想起了6的乘法。

当然，你也有可能再看到比萨店，就想起了6的乘法，说不定以后一闻到比萨的香味，就自然而然地想起了6的乘法呢。

记忆大考验

（1）视听结合记忆大考验

用10张预先准备好的不太复杂的图片，请人按每3秒钟出示一张的速度，在给你看的同时让你大声说出图片上的物品名称，一共30秒钟。然后做比较简单的算术题30秒钟，紧接着再用30秒钟进行回忆，并记下你的回忆成绩。

（2）触觉记忆大考验

闭上眼睛，以每3秒钟触摸一件物品的速度，一共触摸10件物品，共用30秒钟。然后做比较简单的算术题30秒钟，紧接其后再用30秒钟进行回忆，并说出物品名称，记下成绩。能回忆起7个以上的为优良。

6 奇妙的连锁记忆法

你喜欢玩扑克牌吗？

有一种玩法你肯定见识过：

朋友拿来一副扑克牌让你洗过之后放在他面前，他在非常短的时间内将牌扫视一遍，然后把牌整理好交给你，让你任意说出某一张牌，比如你说："方块9在什么位置？"

朋友立即就会回答："第35张。"

如果你不相信，立即再问："第45张牌是什么？"

他会立即回答："红桃8。"

经过检查，你会发现朋友的回答完全正确，同时他也没有捣鬼。

这到底是怎么回事呢？难道朋友的记忆力真有这么好吗？

其实你的朋友只不过使用了连锁记忆法而已。

他将这些没有多少明显联系的数字和字母依次作了形象的联想，这样就很容易记住了。

同样道理，如果你要记住"书、衣服、南瓜、小岛、泡沫"，你就可以做如下的连锁记忆：

（1）把书打开，里面夹有衣服；

（2）衣服穿在南瓜身上；

（3）一大堆南瓜堆成了一个小岛；

（4）在小岛上住着一群泡沫人。

当这串新奇的形象联想在脑中重现时，犹如连环画，一幅幅画面接连不断，把你要记住的词语带了出来。

知道了连锁记忆法的魔力，你还害怕众多单调的东西记不住吗?

那时，你也可以在朋友面前露一手了。

连锁记忆训练（题后答案仅供参考）

（1）运用连锁记忆法记忆下列词语：

红花、白马、啤酒、书报、裤子、鞋、汽车、牛

解答：从一朵大红花中跳出一匹白马，这匹白马喝光了一大杯啤酒，杯底有一份书报，书报穿着一条黑色的裤子，同时将一双鞋压在一辆汽车上，原来前面有一头牛拉着它走。

（2）运用连锁记忆法记忆下列词语：

电脑、风、椅子、书包、灯光、画画、电冰箱、茶杯、橘子

解答：我坐在电脑前，这时吹来一阵风，将我挂在椅子上的书包吹到了地上，刚好遮住了灯光，把正在旁边画画的小朋友急哭了。她不小心将电冰箱撞倒了，我生气地冲她大叫：“你把我茶杯里面的橘子汁给撞翻了！”

记忆高手都喜欢使用的有意记忆法

那些记忆高手在当众表演的时候，总是要求现场保持安静，你知道这是为什么吗？

因为他们要集中注意力增强记忆。

你可能也有这样的感觉，当你在阅读的时候，如果对其中的一段非常感兴趣，无意间会将这段文字多看几遍，或因为觉得内容太好了，忍不住想背诵下来，这种不自觉的记忆方法就是有意记忆法。

有意记忆法需要加强注意力训练。

如在家里拿一个小物件，诸如圆珠笔、钥匙、水杯等仔细地看上至少30秒钟，然后闭上眼睛，试着将它的特征描述出来。

如果第一次有些细节说不出来，那么再来一次，直到能够说得准确无误为止。

你也可以在商场的商品陈列台前，尽量排除干扰，集中注意力看60秒钟以上，然后再把商品描述出来，包括它的外观、包装、商标样式等。

当然，你也可以在喧嚣的街头，聚精会神地去听一种声音，如汽车的行驶声，这样大脑就能排除其他所有的噪声，并

能使大脑冷静下来。

你也可以同时想三件以上的事情，比如，近期的学习计划、去超市买一些你喜欢的儿童读物、刚阅读完的书的内容等。

这样不断训练，就能集中注意力，收到有意记忆法的最佳效果。

“头脑抽屉”训练题

在桌子上摆三四件小物品，如瓶子、墨水盒、钢笔、书、文具盒等，对每件物品进行追踪思考各2分钟，即在2分钟内思考某件物品的一系列有关内容。例如思考瓶子时，想到各种各样的瓶子，想到各种瓶子的用途，想到瓶子的制造、造玻璃的矿石等。这时，控制自己不想别的物品。2分钟后，立即把注意力转移到第二件物品上。开始时，较难做到2分钟后的迅速转移，但如果每天练习10分钟，两周后情况就会大有好转，记忆力也会得到迅速的提升。

名人都喜欢运用的卡片记忆法

许多知识渊博的人都有做卡片的习惯。

法国著名科幻小说家儒勒·凡尔纳去世后，人们发现他亲手摘录的卡片有25 000张，笔记几百本。

其实，你也可以亲自制作卡片来帮助记忆。

制作尺寸为12.5cm×7.5cm的硬纸卡片，并在卡片的左上角写上分类编码，可以分为语文、历史、数学、地理、英语等，再给后面写上简单的序目，以便你需要时查找。

最好让卡片的正反两面都能写字，这样可以增大记录的信息量。

卡片最好硬一点、厚一些，选择较耐磨的那种纸，因为卡片要经常翻动使用。

在卡片上记录内容时最好选择不易退色的颜色，内容尽量简洁概括。另外，在卡片上记录需要学习、记忆的材料时，一定要一正一反地写，比如：

外语单词：正面——book，反面——书本；

历史：正面——雾月政变，反面——1799年，拿破仑；

地理：正面——珠穆朗玛峰，反面——世界最高的山峰，8 844.43米。

做好卡片之后进行分类整

理，放进准备好的抽屉里。

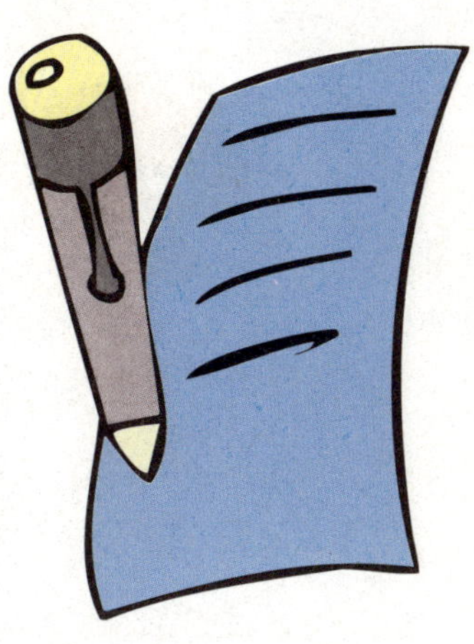

要记忆时，可以先将卡片像洗扑克牌一样搅乱顺序，然后从第一个开始记忆，将背不出的放在一边，重新“洗牌”，再次回忆，直到全部记下来为止。

这样，隔一两天再记一次，及时复习，效果很好。

将自己平时需要记忆的内容制成卡片，你不妨做做看。

增强记忆好习惯

中国和英国都是世界上以饮茶而闻名的国家。长期的实验证明，下午茶可以增强记忆力和应变力。有喝下午茶习惯的人在记忆力和应变力上，比其他人的平均分值高出15%~20%。

9 口诀记忆最长久

你能背出我国传统的“二十四节气歌”吗？

春雨惊春清谷天，
夏满芒夏暑相连；
秋处露秋寒霜降，
冬雪雪冬小大寒；
上半年来六廿一，
下半年是八廿三；
每月两节不变更，
最多相差一两天。

它将我国一年四季的二十四个节气变化全部包括进去了，甚至连某些不识字的老年人都能背得出来。

这就是口诀记忆法的好处。

在学习中，只要你认真发现，就能使自己的学习更加轻松。

如我国历史朝代顺序，如果死记硬背肯定要花好多时间，并且还容易忘记。

但如果编成顺口溜的形式，就能解决这个问题了。

在语文学习中，除了古诗词之外，恐怕就数形近字最难记了。

比如形近字：戍、戌、戊、戎，一般人很难记得清楚，但是如果编成口诀的形式："横戍点戌戊中空，十字交叉读作戎"，整齐押韵，易于牢记。

这种形式也可以用在数学、物理等其他学科的学习中，只要你仔细观察，就能提高记忆力，取得好成绩。

口诀记忆小窍门

（1）多使用联想，尽量将生僻的内容联想成常见易记的内容。

（2）注意使用谐音、押韵，变换成易记的顺口溜形式。

（3）将抽象的内容转换为具体的内容。

（4）多看书，多思考，这样才能提高记忆力。

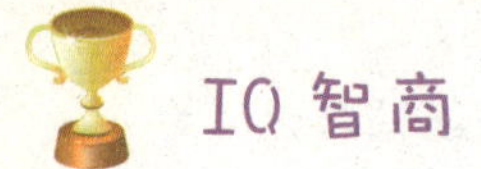

经常使用的印象记忆法

名侦探柯南的动画片你一定很喜欢看吧！

柯南在处理案件时高明的逻辑推理能力让人佩服不已吧。

但同时，你肯定注意到了另一现象，那就是他对案件第一现场深刻的记忆能力。

这就是印象记忆能力。

第一印象非常重要，尤其是在回答考试的选择题时，如果你实在不知道该选哪个答案，那就最好选择第一印象所“看中”的选项。

第一印象在学习和生活中非常重要，因为第一印象都是记忆对象的主要特征。

比如你读一首外国的散文诗，觉得其音乐节奏感很强，那么音乐节奏感就是你对它的印象记忆。

在背英语单词时，发现某个很长的词中某个字母出现了好几次，那么这个高频出现的字母就是你对这个单词的印象记忆。

你可以根据高频字母将单词分成几部分记忆，印象记忆法可以很轻松地将要记忆的内容简化、概括化，并且能在大脑中形成持久的记忆信号。

当然只有对要记忆的内容产生浓厚的兴趣，印象记忆法才能发挥它奇妙的作用哦。

印象记忆训练场

试着用印象记忆法记住以下内容：

（1）《水调歌头·明月几时有》

明月几时有？把酒问青天。不知天上宫阙，今夕是何年。我欲乘风归去，又恐琼楼玉宇，高处不胜寒。起舞弄清影，何似在人间。

转朱阁，低绮户，照无眠。不应有恨，何事长向别时圆。人有悲欢离合，月有阴晴圆缺，此事古难全。但愿人长久，千里共婵娟。

（2）华沙和华发

一个小孩叫华沙，
他把沙发叫发沙。
一个小孩叫华发，
他把华沙叫沙华。
华沙说沙发是发沙，
华发说华沙是沙华。
华沙是华沙不是沙华，
沙发是沙发不是发沙。

理解记忆是培养记忆力的捷径

很多人都是抓住要背诵的内容，连仔细阅读一遍的习惯都没有，就开始呜哩哇啦地背诵一番。

有时一篇课文要背诵几十遍才行，这样的背诵方法绝对是不可取的，它既浪费时间又浪费精力，并且容易遗忘。

如果在背诵古文时，你连文章的意义都不理解，要记下来更是要花费很多时间。

这里专门为有这种背诵习惯的小朋友推荐一种管用的学习方法——理解记忆法。

这是先将要记忆的内容意义弄懂之后再记忆的一种方法。

记英语单词时，尤其是比较长的单词，就要按照单词的音节，参照单词的内容，最好在记忆时一边用手写，一边想象着单词所对应的实物，这样会非常有效。

在记忆数学、物理方面的一些定理时，更要理解它们所代表的意义。

如果是记忆那些比较短的古诗，很容易就能在记忆的过程中理解诗的意义。

但是要记像《孔雀东南飞》《长恨歌》这样的长诗，如果不理解诗歌的内容，那么要背诵下来肯定是一件很困难的事情。

养成先理解意义再记忆的好习惯。

长期坚持练习，你的记忆力就会得到惊人的提升哦。

记忆能力突破训练

（1）理解记忆以下成语，看你需要多长时间。

车水马龙　沉默寡言　鹤立鸡群
李代桃僵　缘木求鱼　见缝插针
一言九鼎　杯弓蛇影　巧舌如簧
名落孙山　意气风发　揠苗助长
偃旗息鼓　一鼓作气

（2）背诵毛泽东的《沁园春·雪》，看你需要多长时间。

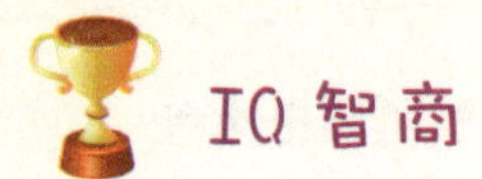

直接有效的形象记忆法

如果让你回想起一个人，大概你首先想到的就是他的衣着和容貌吧。

比如他的脸形、头发、身材以及穿着等。

其实，你无意中就使用了记忆方法中的形象记忆法。

俗话说“百闻不如一见”，意思就是听到的不如看到的印象深刻。

实物形象的记忆是最原始、最初级的记忆，你在记忆中，就应该看一看、摸一摸、听一听、闻一闻。

在学习时可以借助模型，比如：图像、照片、录像、电影、电视、幻灯等都可以加深记忆。

比如，在地理课文中，可以将一些地理形状分为不同的模型：

南美洲和北美洲都有些像直角三角形，波罗的海有点像“K”，越南有点像“3”，意大利就如同一只插入地中海的皮靴，日本九州有点像“9”，中国山西省就像一个平行四边形……

你也可以用自己熟悉的事物来比喻所要识记的材料，比如将《马关条约》的内容编到一首你所喜欢的歌中去。

这样会在头脑中留下

一个完整具体的形象，并且不易忘记。

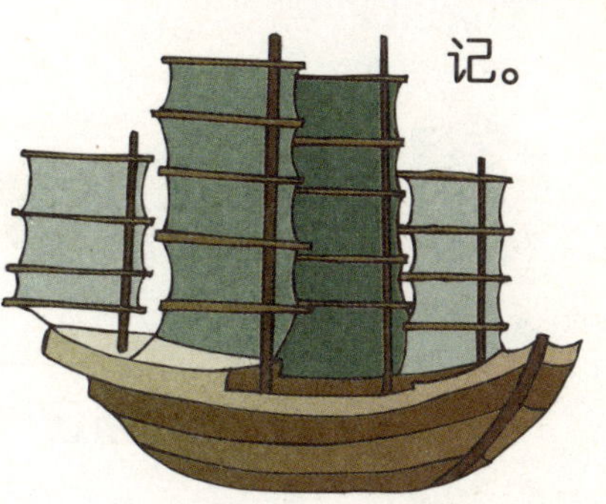

语言是记忆中不可缺少的一种表现手段，对于一些比较抽象的文字可以用形象化的语言来描述。

这样记忆起来就快得多了，而且会在头脑中留下深刻的印象。

形象记忆初试验

（1）试着在最短的时间内，回忆出班上所有同学的容貌。

（2）将家里的家具贴上对应的英语单词，然后经常看看，一个月之后，测试一下自己记住了多少。

（3）和妈妈一块上街时，记住她需要买的所有东西，并经常这样做。

最有效的间隔交替记忆法

你是怎么安排自己一天的学习计划的？

可千万不要长时间地学习同一种类型的课程哦！

这样不仅不能取得好的学习效果，而且还会产生厌学的情绪。

你可以在早上花时间背英语、语文等需要大量记忆的内容；

到下午就学习数学，练习绘画、音乐、舞蹈等课程。

这样，你不仅不会感觉到累，而且效率还非常高呢。

这种记忆方法我们称之为间隔交替法。

它要求你把不同性质的材料或事物按时间分配，间隔交替进行记忆。

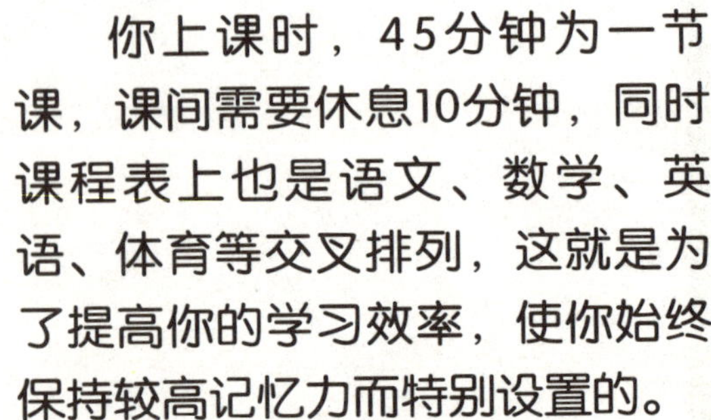

你上课时，45分钟为一节课，课间需要休息10分钟，同时课程表上也是语文、数学、英语、体育等交叉排列，这就是为了提高你的学习效率，使你始终保持较高记忆力而特别设置的。

另外，不管你是在做数学题还是在看电视，妈妈都会要求你

把费脑与轻松的事情交替去做。

这也是间隔记忆的妙处所在。

它不仅能使你保持旺盛的精力，提高学习效率，还能节约大量的时间哦。

因此，在学习英语1个小时之后，就要休息10分钟，接下来再去做数学。

学会间隔交替记忆法，所有学习都不怕！

加强记忆小练习

将下面两部分内容交替记忆，看你需要多长时间才能记住。

爱迪生　1991　益母草　CATE　电灯　救生员
白云　591WQ　奥运会　徽剧　白雪公主
安徒生　历史　罗马　雅典娜　西游记

B 8 G3 F2 G7 P G 3 A 5 N J M 9 3 0 5
P 9 Q 3 V O D A 3 E 2 H 5 4 W P

14 利用联想，获得神奇的记忆能力

你是不是因经常忘记朋友的生日而苦恼呢?

教你一些方法，就可以轻松搞定。

你可以在自己的脑海里将一个生日蛋糕放在他的头上。

为了记住新朋友，在互相介绍的时候，可以看他有什么特征。

如果他有一对大耳朵，你就可以把他的大耳朵设想成两只巨耳，在心里面称他“巨耳”；

如果他喜欢摇头，那就把他的脑袋设想成拨浪鼓之类的东西。

用这种联想的方法，将人的特征和他的名字结合起来，就能很轻松地记住了。

这种方法用在学习上也非常有效，比如，你要记住下面这些词:

山顶、足球、电话、火焰、西瓜、街道、杨树、皮鞋

你就可以这样联想:

从山顶上飞下来一个足球，足球砸到了电话上。

于是电话就起了火焰，火焰烧熟了放在旁边的西瓜。

西瓜蹦蹦跳跳地穿过街道，在一棵杨树下停了下来，发现杨树今天

竟然穿着一双皮鞋。

这些稀奇古怪的联想更能加深你的理解，并且也不用担心时间久了就会忘记。

在学习中要学会一些奇怪的联想，将要记住的对象编成一个好玩甚至荒诞的故事，就不怕记不住知识了。

联想训练题

（1）在2分钟之内记住以下词语：

老虎、秋天、死亡、疾病、正义、植物、月亮、海洋、拉丁舞、诗人、扑克、床单、鲁迅、巴黎、酒杯

（2）把“小狗”与“电线”两词联想起来，看你能想出多少种，超过15种你就是非常棒的记忆专家了哦。

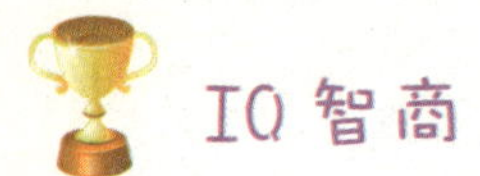

15 争论是记忆的益友

不知你有没有这样的经历：

你和同学为了某道题而争论，甚至有时争得面红耳赤，因此，这道题总是被你记得非常清楚。

在以后的学习中见到同类型的题时，你总是对它印象深刻。

这就是争论所带来的好处，它在暗暗地提醒你。

争论可以帮助你记忆，加深你对争论对象的印象。

古人提倡在读书和学习中辩论，就是因为辩论能加深记忆的效果。

其实，辩论、讨论和问答都是争论的不同形式，课堂上，老师或许会要求你们参加讨论，也可能会因为某个问题组织一次辩论赛，这些活动在激发你的思维创造力的同时，也增强了你的记忆效果。

可能你在复习的时候，喜欢一问一答的形式，特别是在考

试前，如果你能和同学一问一答地回忆考试内容，你就会对对方提出的问题产生兴趣，从而在纠正错误、检查复习效果的同时，不自觉地就加深了记忆。

在学习的时候，你可以与同学就某个问题辩论，也可以回家让爸爸、妈妈与你一同参与到问答式的记忆中来。

记忆训练题

就学习或阅读中的某些问题与老师、同学和父母争论，看看你对这些问题是否有更深的印象。

16 化繁为简的概括记忆法

有这样一则小故事，你看完一遍之后，能把它大体写出来吗?

这则小故事叫《偷苹果的小孩》，请你读一遍（只许读一遍哦）。

在一个秋天的傍晚，有两个小孩从一片果园边经过。果树上结满了红彤彤的苹果，这两个小孩禁不住苹果的诱惑，于是商量着穿过网墙偷吃树上的苹果。但是，这时，却从不远处传来了一声呵斥，原来果园的主人就在那里，这两个小孩一惊之下便立即逃跑了。

你读完一遍之后闭上眼睛，将这个故事复述一遍。

如果你是死记硬背、不得要领的话，这的确是有点难度。

如果你想想办法，看看效果会怎么样呢?

虽然不可能将全部的内容一字不漏地背下来，却可以比死记硬背省事多了。

这里教你一个简单的记忆方法，或许会适合你哦。

一件事情一般包括：

谁（who）、何时（when）、何地（where）、什么事（what）、为什么（why）、怎样（how）。

这就是有些人经常运用的5W+1H记忆法。

它将一个很长的故事分为6个要点，记忆时只要记住这6个要点，就能达到过目不忘的程度，这种方法我们不妨称之为“概括记忆法”。

现在请你试试看，将上述故事分成6个要点：

谁：两个小孩；何时：一个秋天的傍晚；何地：果园网墙边；

什么事：想偷吃苹果；为什么：禁不住苹果的诱惑；

怎样：被主人发现了。

你现在试试将这个故事完整地复述出来。

呵呵，简单多了吧。

如果你能在读的过程中，在脑海中想象出故事的画面和场景，那么这样不仅增强了你的记忆力，而且锻炼了你的想象力，真是一举两得啊。

训练题

将上面故事中的形象和场景，简要地画出来。（不要担心，一回生两回熟，试试看吧。）

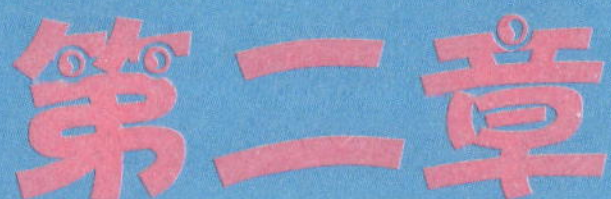

观察力很重要

认识五彩缤纷的色彩

大自然中充满了五颜六色的东西，这些东西的颜色吸引着我们去观察。

如果小朋友能仔细分辨出它们各自的颜色，会极大地提高观察能力。

星期天，爸爸带你去郊区的农场了，如下图：

你看到的天空是什么颜色？

那两片云是什么颜色？

路旁边的树是什么颜色？

牛和羊是什么颜色？

……

你可以将自己所看到的所有色彩记下来，然后将图片交给妈妈，让妈妈就图片中的事物的颜色对你提问，比如：

（1）宝贝，你见到的蓝色的东西是什么？

（2）什么是黄色的？

（3）白色的东西都有什么?

（4）草地上的牛和羊各是什么颜色?

（5）如果不同，它们各自的颜色是什么呢?

通过小朋友自己仔细的观察，然后再与妈妈交流，就能很快掌握各种颜色。

同时，家长还可以在带孩子外出的时候，就身边事物的颜色引导孩子。

最好按照孩子的思维习惯，将这些事物改变成孩子易记、易懂的故事。

这样既培养了孩子认真观察事物的好习惯，又能激发孩子的观察兴趣，提高他们的智力。

说颜色

按照下图，说出表格中对应物的颜色。

观察事物的状态

其实，观察事物状态的最好地方是动物园，各种动物时刻都在做出不同的状态，比如：会飞的鸟、在河里游的鱼、可爱的小猴子、飞奔的鸵鸟、一动不动的蛇、憨憨的大熊猫……这些都是各种动物的运动状态。

不妨在星期天让爸爸、妈妈带你去动物园，将各种动物的状态一一记下来，然后给妈妈讲，让她帮你纠正错误，这样就能提高观察能力了。

当然，一种物体不可能只具有一种状态，比如水就有三种常见的状态：

在正常情况下，是我们饮用的液态水；

如果在寒冷的冬天，水就会变为冰，这是水的固态形式；

如果将水烧开，就能看到热气腾腾的水蒸气，这是水的气态形式。

因此，小朋友在观察物体的状态时，要慢慢地、长久地观察才行。

只要能不断地观察身边的物体，不久你就会有惊喜的发现。

事物状态观察训练

（1）和爸爸一起做模仿游戏，让爸爸先做各种动物的形态，你猜猜看；然后你来模仿，让爸爸猜。猜不出来者罚唱一首歌。

（2）去一次动物园，记下至少20种动物的不同神态。

（3）和一组小朋友模仿人的喜、怒、哀、乐表情，看谁模仿得最像。

多了解事物的本质

我们经常有这样的错觉：似乎我们对自己周遭的事物已经很熟悉了，但是经过一些比较却发现，我们并没有把握住这些事物的本质。

不信，咱们来做个小试验看看吧。

下列五种东西中，其中四种都有一个共同点，剩下一个没有。请问下列图示中，与其他四种东西性质不同的是哪个呢？

你一眼就看出答案了吗？对了，答案就是“3”的课本。

这是因为除了课本之外，其余的东西都需要通电才能运转工作。

是不是恍然大悟啊？

你在做这样的试验时，最好给自己规定一个时间，将其当做一场小小的考试，这样能刺激你的大脑紧张起来，帮助你更准、更快地找出正确答案。

这类问题告诉我们：

在看待身边事物的时候，一定要抓住它们的本质，千万不要被它们的外表所迷惑。

我们在认识事物的时候，一定要先学会认识它们的本质，然后再与其他的东西联系起来，找共同点，时间长了，你会很快从不同的角度找到它们的共同点。

这样一来，你的观察力会很快得到提升！

学学认识事物的本质

下面各项中有一个与其他的不同，请你在15秒钟之内找出来。

（1）火车　飞机　轮船　自行车　公交车

（2）中国　尼日利亚　非洲　法国　冰岛

（3）森林　矿藏　淡水　海洋　太阳能

4 认识自己最重要

大概每个人都认为自己很了解自己，但事实上真是这样的吗？

我们先来做一个简单的测试吧。

请你把书先合上，然后立即从原地站起来。

大多数人在做这个动作时，一般都会立即将手放下去，那么你的手是怎么放置的呢？

你是将手心相对裤缝还是将手背在身后呢？

或者将双手放在胸前？

在做这个动作前先想想，看看你是否答对了。

我们再做一些测试吧！

你穿袜子的时候，先穿哪一只脚？

当你双手交叉于胸前时，哪一只手在上面？

当你盘腿坐在地上的时候，哪一只脚在上面？

呵呵，你被问住了吧，

除非你事先做一遍这样的动作，你才能回答这些非常平常的问题。

这就代表了我们平常并不是很关心自己哦！

这个世界上有太多我们没有注意的事情和现象，例如：书本的长和宽都有一定的比例；

你回家登的楼梯一共有多少级台阶。

因为这些小事不影响我们的生活，所以我们通常都不会注意。

但是，如果我们不能从小就养成对事物的敏锐观察，那么大脑中的潜能就只能沉睡了。

我们每个人都潜藏着无限的能力，所以，从现在开始，就要认识自己，认识自己身边的世界。

只要小朋友们多用心观察，你的潜能就一定能激发出来，变得更聪明哦！

观察力测试

在下列题目的后面，对的打“√”，错的打“×”，请在10秒钟之内作答。

（1）你穿鞋的时候，总先穿右脚。（ ）

（2）你拧毛巾的时候，总是将毛巾置于水平方向。（ ）

（3）你对3、5、7、11这样的单数比较在意。（ ）

（4）你一个人走路的时候，喜欢左顾右盼。（ ）

（5）你喜欢与父亲在一起。（ ）

5 注意观察事物的特征

你是不是有这样的感觉：

如果到了一个新的集体中，老师总是先记住那些性格外向或者特别调皮的学生的名字呢？

其实，这主要是因为他们的性格吸引了老师的注意力，从而让老师很容易就记住了他们。

同样的道理，如果你在人非常多的大街上行走，相信你更容易记住一个跛子或者某个脸部严重烧伤的人，这主要是因为他们的特征吸引了你的注意。

可见，特征在观察力中扮演着非常重要的角色，因此，我们在训练自己的观察力时，可以先从认识对象的特征开始。

只要你认真观察，你所认知的对象总会有一个与其他事物不同的特征。

比如你背诵宋代欧阳修的《醉翁亭记》，只要你先大致地浏览一遍全文，就会发现文中有许多“也”。

因此我们不妨就将“也”作为这篇文章的特征，然后就可以放心背诵了。

说一说

说说下面各个事物的特征，然后试着描述一下。

（1）苹果　西瓜　香蕉　菠萝

（2）高速公路　火车　公园　超市

（3）犀牛　骆驼　袋鼠　大象

增强感觉新体验

你是不是认为只有眼睛才能观察周围的事物呢？

因为你习惯了用眼睛去收集信息。

其实，观察力的提高需要很多其他的手段，比如听觉，你听到一首动听的歌曲，并记住了它的歌词旋律，如果你能唱的话，就更好了。

当然，你还可以在夜深人静的时候，倾听钟表的滴答声、火车撞击铁轨声、动物的鸣叫声……

只要你一听见这些声音，立即就能判断出来，同时大脑中浮现出该事物的原形，你的感受能力就上升到了一个新的层次。

味觉、触觉等感觉也能提高我们的感受能力。

你在放学进家门时闻到了妈妈烧鱼的香味，经过烧烤店前闻到的味道以及西餐厅里散发出来的香味，酱油、醋、胡椒的味道等。

另外，人体也有体味，你仔细闻过吗？

你特意体验过手摸在冰上

的感觉吗？

家里家具的纹理你也可以通过触觉感觉哦。

如果蒙上你的眼睛，捏住你的鼻子尝可乐的味道，你能一下子答对吗？

你可以做些试验，让自己的五种感觉全部投入进来，这样，一段时间之后，你的头脑就会更加灵活了！

感受感受

（1）伸开手掌，向掌心轻轻吹风，你能感觉到吗？

（2）赤脚踩在地毯上与水泥地板上，你有什么不同的感觉？

（3）到山顶上去看远处的景色。

（4）你能在高处一眼找到自己家所在的大致位置吗？

（5）摸一摸以前从来没有仔细感受过的东西。

锻炼你的方位观察力

花3分钟时间看上图，然后闭上眼睛仔细回想看过的画面。

假设你是上图中穿黄衣服的小朋友，现在回答下面的问题：

（1）楼房前面有什么？

（2）树在你的哪个方位？

（3）树上有什么？

（4）蓝天上有什么？

（5）太阳在什么方位？

（6）穿蓝衣服的小朋友在你的什么位置？

（7）马路旁边有什么？

（8）草地上有什么？

（9）楼房一共有多少层？

（10）猫在狗的右边吗？

这样的观察方法相信你经常使用吧。

你在任何地方都可以将自己作为中心，确定身边事物的方位。

这样有助于你观察力的提升，同时也能加深记忆印象，经常这样做有利于提高你的智力哦。

确定自己的位置

（1）把你座位前后左右同学的名字记下来，然后再记下教室四个角落的同学的名字，争取和他们都成为好朋友。

（2）打开家里的窗户，仔细观察正对面楼层的邻居，然后数一下他所在的楼层数；站在自家楼下，准确确定哪个窗口是自家的。

（温馨提示：千万要注意安全哦！）

拥有一颗充满好奇的心

你在逛商场的时候，看到以前没有见过的东西，会停下来仔细看看吗？

或者询问售货员关于这个产品的用法、产地吗？

这就是好奇心在帮助你认识身边的新鲜事物。

好奇心在小朋友的成长过程中非常重要，它能使小朋友的头脑更加灵活。

好奇心与关心的程度紧密联系在一起，这样就能刺激大脑，让其充分运作，从而使你变得更加聪明哦。

比如，你对弹钢琴充满了好奇而且非常喜欢，甚至连作梦也在学弹钢琴，那么几天以后，你弹钢琴的熟练程度肯定会让家人大吃一惊。

这是因为好奇心会驱使你努力研究如何才能弹得更好，它刺激大脑高度关注“弹钢琴”这件事情，因此大脑“弹钢琴”的能力就会越来越发达。

你看，保持一颗好奇的心有多么的重要。

历史上有许多发明家就是从小具有强烈的好奇心，才在各自的领域内取得了卓越的成就。

我国汉代的张衡就是对天上的星星产生了强烈的兴趣，后来才发明了浑天仪、地震仪。

伽利略对轻重不同的物体会同时落地感到很奇怪，才在比萨斜塔上证明了重力与物体的质量无关。

这样关于好奇心的故事不胜枚举，可见，好奇心对推动社会进步的影响有多大。

所以，希望小朋友们尽量对身边的每件事情都保持好奇心，这样一来，你的智力会不断得到提高。

培养好奇心的小游戏

（1）从小区门口到家总共需要走多少步？放学后就立即数数看。

（2）观察爸爸多久刮一次胡须，想想看为什么？（比如，胡须为什么不能与头发一样长长？）

（3）在教室的时候，仔细观察每个同学的发型，然后开始想象。（比如他或她今天的心情怎样，穿着什么鞋袜、裤子等。）

每天要有一个新发现

你每天都在观察身边的事物吧，但你从这些事物中有了新的发现吗？

其实，亲自动手去触摸或者直接用皮肤去感受，这样能在大脑中留下非常深刻的印象。

从今天起，每天试着做一件你以前从未做过的事情，新发现就会随之而来！

例如你可以尝试着给家人做一顿饭，这样你就知道了油、盐、酱、醋的形态和颜色，并能知道锅、碗、瓢、盆的使用方式等。

当然，你还可以试着给自己洗衣服，那么你就知道了洗衣粉的形态和气味，还能发现肥皂在衣服上一经揉搓就会变成好多小泡泡，同时还有滑腻的感觉。

你也可以尝试着整理自己的小卧室，按照自己的意愿整理好，使它变得更加整洁。

这样的新体验你以前肯定没有过吧？

如果你每天都能感受一个新体验，一年就能有365个新体验，这就等于你的观察力提高了很多倍，这可是一件很棒的事情哦！

做一些你以前从未做过的事情吧！

只要你把一些事情的特征记在脑中，再见到这样的事物时，就很自然地联想到自己的新发现了。

这些都是你辛勤的观察所换来的。

处处留心一下

（1）留心一下你几天洗一次澡，几天换一次衣服。

（2）观察一下每天三餐食物的变化。

（3）观察一下每周的气温变化。

学会描述观察到的内容

你是不是同学中的故事大王呢?

你能将自己上周去旅游的所见所闻清楚地传达给他们吗?

我相信你的回答是:

“当然，他们听到后都想去看看呢！”

你能这么完整地复述出自己旅游的景点，说明你的观察力真的真的是很棒!

科学家研究发现:

人的观察力与智力存在着密切的关系，而每个人的观察力或多或少都有区别，提高观察力最简单的办法，就是学会完整地复述自己所看到的情景。

比如，你昨晚看了电影《海底总动员》，你肯定喜欢上了小丑鱼“尼莫”。

那么，今天课间你就可以给同学们讲讲整个剧情，你要保证在保持剧情完整的同时，还要绘声绘色，力争感染他们。

同样，如果你游览了一处古迹，把一路美丽的风景记在心中。

然后再试着给人讲述，这样你就可以测试自己是否能把最主要的部分准确地记录下来，从而锻炼自己的观察力。

看完后赶紧练

（1）试着向妈妈简短地描述你今天看到的最有意义的一幕。

（2）将自己最近看过的一本书或者一部电影中的内容，简要地描述出来。

（注意，不要丢三落四哦！）

观察身边事物的各种形状

你能一一说出上图中物体的形状吗?

试着与妈妈一起边看图，边找图中的形状，看看你能找出多少种不同的形状，并数出每种形状各有多少个。

形状是我们经常见到的物体所具有的形态，可能小朋友经常玩七巧板游戏，几块木板却可以拼出你能想象到的任何形状，但是小朋友试过将两组以上的七巧板放在一起玩吗?

试试吧，绝对非常好玩。

如果让你说出你所知道的形状，你能说出多少呢?

你可以试一下，最好能给自己说出的形状找个标本，通过你的努力，你已经说出了这么多的形状。

其实我们常见的物体大都是由这些形状构成的，比如：

（1）床是长方形的；

（2）窗户也是长方形的；

（3）锅、碗是圆形的；

（4）三角架是三角形的；

（5）暖气管是圆柱形的；

（6）篮球、足球是圆球形的等。

形状在小朋友的成长过程中非常重要，它能直接提高小朋友对物体的直观认识，提高小朋友的观察力，希望你们多多加强训练哦。

聪明孩子找找看

看你能找出多少种形状。

学会从多个角度看待身边的事物

电话长什么样子呢？

请回答下面的问题，对的打“√”，错的打“×”。

（1）右边第一排数字键是1、4、7。（ ）

（2）家庭电话的数字键排列与手机一样。（ ）

（3）计算机的数字键与家庭电话不一样。（ ）

（4）电话的数字键一共有9个。（ ）

（5）*号键在电话的右下角。（ ）

上面的问题你答对了几道？

被这么简单的问题难倒是不是有点不甘心呢？

呵呵，谁让你平时没有学会从多角度看待电话呢？

或者你根本就没有花过2分钟以上的时间观察吧？

不要气馁，我们再来试试看。

（考考你的观察力）

请你诚实回答下列问题，如果是，就打“√”。

（1）我在镜子前一般要花费3分钟以上的时间观察自己。（ ）

（2）我至少观察钢镚儿的正面4次以上。（ ）

（3）我仔细观察公交车票或火车票4次以上。（ ）

（4）我至少观察筷子和勺子的各个面3次以上。（ ）

对以上问题你打了几个“√”呢？

如果连一个“√”都没有，就表明你平时几乎只从一个角度去看待身边的事物，或根本就只关注于事物的表象。

没有对本质进行思考或者产生好奇，这样对自己观察力的提高没有什么帮助哦。

现在就请你重新将电话颠倒过来看，你一定会有意想不到的发现哦。

在吃饭的时候仔细观察手中的筷子，你会发现自己的观察力会给自己带来好多惊喜的发现。

只要你坚持经常从另一个角度看待身边的事物，相信你一定会为自己的新发现兴奋不已哦！

观　察

（1）请站在你家楼下从多个角度观察大楼，将你所看到的记录下来。

（2）将本书倒过来，看能不能流畅地阅读本篇内容。

第三章

加强注意力

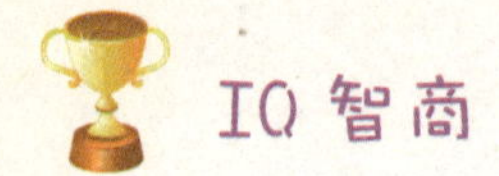

1 自己动手画图

如果小朋友有时注意力实在无法集中起来，这里教给你们一个更好的办法，那就是取出一张白纸，然后在白纸的中央画上你想画的任何形状，注意这个形状不要太大。

当然，在整个画图的过程中，你必须保持心平气和，精神放松。

仔细看自己的作品，保持正常的心态，看图的时间不要超过30秒钟。

再将自己的作品贴在墙上，位置要比你坐在椅子上眼睛平视时稍低，然后退后坐在椅子上盯着图形看，约持续20秒钟，眼睛与图形的距离保持在1米左右的地方。

将眼睛闭起来，试着在脑海中画出该图形，最好能想象出刚才画图的情形。

依照上面的步骤，重复此动作约3~5次。

这种训练方法需要耐心和时间，所以小朋友在做训练的时候，尽量多地将时间花费在画图上。

其实，在小朋友认真画图的过程中，注意力已经很集中了。

保持这种训练方法一星期之后，小朋友就可以画出一些较为复杂的画了。

这样既锻炼了自己的注意力，又提高了小朋友的绘画水平，开发了右脑的想象思维能力，一举两得！

训练要点

（1）每次看完自己所画的图形后，都要将眼睛闭上，想着那个图形，并逐渐加长时间。

（2）多做几次后，用表记录一下自己可以盯着图形看多久。

学学“百灵鸟”，别做“夜猫子”

专家已经证实，良好的睡眠可以帮助我们提高学习效率，因为，在睡眠的时候，我们的大脑并不是完全停止工作进入休息状态，而是还有一部分大脑细胞在悄然地勤奋工作着。

良好的睡眠不仅可以使大脑得到休息、放松，还可以帮助你整理白天学过的知识。可能你有过这样的经历：

头一天还弄不太清楚的学习内容，到了第二天早晨，竟然已经想明白了。

这是因为良好的睡眠可以加强对当天学习内容的记忆，睡觉之前，如果你轻松自然地把知识点在大脑中过滤一遍，第二天会记忆更清楚，长期下去，还可以建立长久牢固的记忆。

为了更好地学习，你每天至少要保证7个小时的睡眠。

由于小朋友的学习任务主要是在白天完成的，所以小朋友们更要注意睡眠的时间和质量，学学早起的“百灵鸟”，千万别做“夜猫子”。

为了保证充足的睡眠，我们应该注意以下几点：

（1）生活要有规律，严格遵守睡眠、起床时间。

（2）晚餐不要吃得太饱，水也不能喝得太多。

（3）睡前不要从事容易引起兴奋的活动，如看武打、恐怖电影，听摇滚音

乐等。

（4）睡前不要吃东西，特别是不要喝咖啡、浓茶，但可以喝一杯热牛奶或加一点蜂蜜、加有少量食醋的凉开水，以帮助入眠。

（5）睡前记得上厕所。

（6）睡前最好用温水泡一下脚或洗个温水澡，可以起催眠作用。

（7）枕头不宜过高，“高枕无忧”是没有道理的。

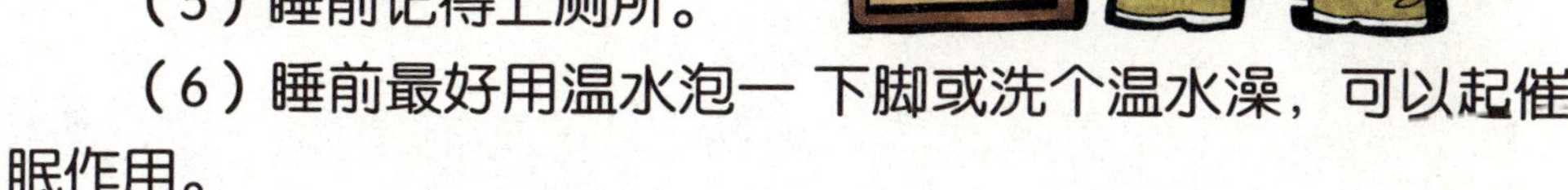

使你身体健康的8种方法

（1）多吃粗粮　　（2）洗澡解乏

（3）骑自行车　　（4）举重

（5）保证睡眠充足　　（6）多进行体育运动

（7）散步　　（8）经常伸直身子

学会排除外界干扰

你听说过“两耳不闻窗外事，一心只读圣贤书”这句话吗？

它的意思就是：

要专心致志做自己正在做的事情，不要被身边的其他事情所干扰了。

我们在学习的过程中，不可避免地要受到周围环境的影响，但是有的小朋友却能够安静地坐下来，集中注意力认真学习而不受外界喧闹环境的影响。

毛泽东年轻的时候为了训练自己集中注意力的能力，给自己安排了这样一个训练科目：

到城门洞里或车水马龙的大街上去读书，这种训练自己抗外界干扰能力的方法很奏效，为他日后能在炮火连天的情况下，正确选择战术奠定了基础。

他能够沉着地、注意力高度集中地布置兵力，而不受外界环境的影响。

小朋友也可以锻炼一下自己抗外界干扰的能力，你可以在吵

闹的教室里集中注意力想一件事。

如果周围的噪声很大，你也可以采用放声大喊的办法。

经常做这样的训练，能有效地提升你的抗干扰能力。

当你要阅读和学习时，就能集中全部的注意力，不管外界的环境有多么嘈杂，都会对其安然处之。

增强抗外界干扰能力的训练

打开电视，坐在旁边想一件事情，让妈妈帮你记录在10分钟内你眼睛无意识扫向电视的次数。

5次以下：你抗外界干扰的能力超强。

5~10次：你抗外界干扰的能力一般，需要做增强注意力的相关训练。

11次以上：你需要加强注意力训练，这样你的学习成绩才会提高哦。

4 自言自语提升注意力

当你无法集中注意力，且又是一个人在房间里的话，可以采用一种非常简便的注意力集中方法——自言自语。

我们经常看到幼儿园里的小朋友，他们一边做游戏，一边自言自语，很会自得其乐。

这种用自我对话来刺激大脑功能的语言，被瑞士心理学家皮亚杰称之为“自我中心语言”。

小朋友们可以试试看效果如何，当然，对那些很难懂的逻辑问题，同样可以采用“自我中心语言”来打消念头、集中思想。

最明显的例子就是在演算数学题的时候，小朋友们总是喜欢将加减乘除的运算过程，以自言自语的形式表达出来。

另外，在背诵英语单词、语文课文的时候，有些小朋友喜欢静静地在自言自语的状态下背诵，这样记忆所取得的效果非常棒。

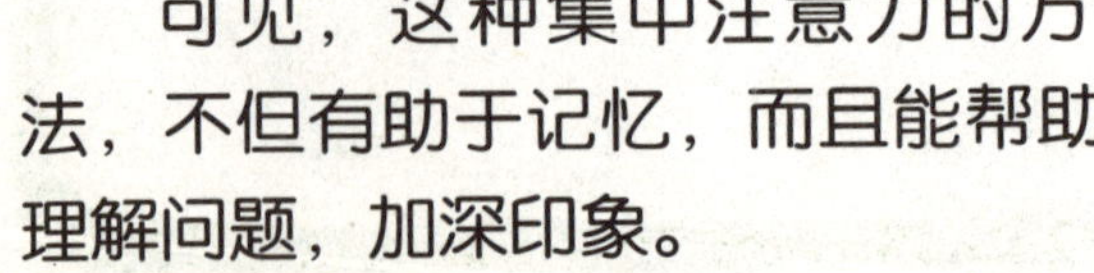

可见，这种集中注意力的方法，不但有助于记忆，而且能帮助理解问题，加深印象。

内心独白

在对话时，回答对方问题之前，心里默默重复刚才对方与你说过的话。

5 多多参加体育运动

可能很多小朋友都不相信，体育运动竟然与提高注意力有着密切的关系。

但是许多小朋友却都有这样的感受：

每次参加完对抗性非常强的体育运动（比如踢足球）之后，头脑中就有一种自己都能感觉到的清醒，这时不管是背诵语文，还是做数学题，效率都非常高。

另外，下课玩得越是开心，蹦蹦跳跳，越活跃，上课的注意力就会越集中。

这些都是运动在调节着注意力，使我们能够及时将大脑思维集中在一个点上。

大脑要消耗掉人体30%的氧气才能更加发达、更有活力，而运动可以使身体和大脑吸收更多的氧气。

读书的姿势也会影响注意力的集中，许多研究证明，只有坐端正时注意力才会集中到最佳状态，驼背则会降低注意力。

科学家给出的答案是：

驼背降低了身体供给大脑的氧气量，导致大脑注意力下降。

可见，体育运动不仅可以强身健体，锻炼我们顽强

的性格，以积极的心态面对各种事物，还能让我们提高注意力和学习效率。

这是很容易就能做到的事情，快快参加体育锻炼吧！

我来试试看！

增强注意力的相关体育锻炼：

（1）双手互握，然后向上举，伸展腰部和背部，如同伸懒腰一般。

（每次维持30秒钟，重复做4~5次）

（2）双手交叉，反转后向前伸，双眼平视手背20秒钟。

（每次维持20秒钟，重复做4~5次）

（3）将头尽可能地向左肩膀靠拢，然后保持自然状态，接着将头向后仰并顺时针旋转，之后再将头向右肩膀靠拢，一遍之后，从右肩膀开始重复上面的动作。

（做完一遍，休息30秒钟，重复做4~5次）

（4）两手轻贴于墙壁，两腿膝盖弯曲后用力推墙壁，这时一条腿往前伸，另一条腿往下踩。记住：脚跟不要提起来。

6 玩游戏，锻炼注意力

在下面的表格中，将1~25的数字打乱顺序填写在里面，然后以最快的速度从1数到25，要边数边指出，同时计时。

1	25	16	4	9	18	7
8	5	21	11	23	13	19
15	3	17	6	14	20	10
22	12	24	2			

怎么样，觉得这种提高注意力的游戏好玩吗?

你数一遍需要多长的时间呢?

科学研究表明:

7~8岁儿童按顺序找到每张图表上的数字的时间是30~50秒钟，平均40~42秒钟;

正常成年人看一张图表的时间是25~30秒钟；有些人可以缩短到十几秒钟。

对照一下上面的答案标准，看看你所需要的时间在哪个范围之内?

你也可以自己多制作几张这样的训练表，数字可以随意变动，每天训练几遍，相信你的注意力水平一定会逐步提高。

注意力集中程度的训练

观察下面编排的100个数字，请你在这些数字中按顺序找出15个数字来，如3~17、15~29等。根据你找到这些连续数字所需要的时间，可以测试出你在集中注意力时的记忆程度究竟如何。

12	33	40	97	94	57	22	19	49	60
27	98	79	8	70	13	61	6	80	99
5	41	95	14	76	81	59	48	93	28
20	96	34	62	50	3	68	16	78	39
86	7	42	11	82	85	38	87	24	47
63	32	77	51	71	21	52	4	9	69
35	58	18	43	26	75	30	67	46	88
17	64	53	1	72	15	54	10	37	23
83	73	84	90	44	89	66	91	74	92
25	36	55	65	31	0	45	29	56	2

记分：

（1）机械记忆力的测试。15个全部正确，优异；10~14个，良好；5~9个，一般；4个以下，很不理想。

（2）集中注意力的记忆程度测试。30~40秒钟，优等；41~90秒钟，一般；2~3分钟，注意力不集中。

一次只做一件事

你有一边带着耳机听音乐、一边复习书本的习惯吗？

告诉你，这种一心二用的方法是不可取的哦。

如果你上课听讲时，老被身边的一些细节所打断，那么思想开小差了，不能记住讲课的内容，这些问题会影响你的学习成绩。

其实这都是注意力不集中所造成的。

让我们来进行一项测试，看看你的注意力能否很快集中起来。

注意力测试：

上排有六种动物，下排是这些动物的食物，请你沿着连线找出它们之间的对应关系。

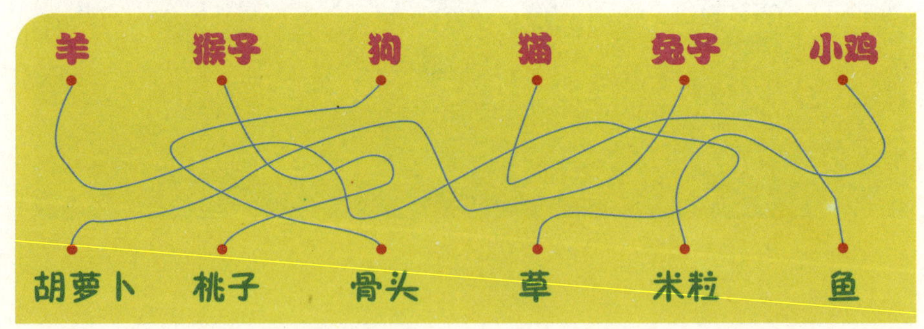

亲爱的小朋友，你能很快给这些动物找到食物吗？

看着这如同蛛网般的连线，你会不会望而生畏呢？

其实，只要你心无旁骛、专心致志，只盯着一条线移动，

就能很快给这些动物找到食物。

如果你的视线受到很多线条的干扰，那就借用一下手的帮助吧，反正题目没有说你使用其他手段是违反规定的。

单用视线给这些可爱的动物寻找食物，是锻炼你的注意力集中程度的最好方法。

因为这时，你的注意力只集中在单一的一条线上，当然，此刻你的大脑只思考这一件事。

如果此刻旁边有人对你讲话，或者电视中正播放着你喜欢的节目，相信你半天也不会给这些小动物找到食物的。

因此，要想提高注意力，最重要的是，一次只能做或想一件事情。

科学研究证明，同时能做好两件以上的事情非常困难，因为这样我们的注意力就要分成两部分，那当然无法全力以赴了。

如果你想提高注意力，那就在做一件事时，全身心地投入进去，用100%的精神去做。

善于排除内心干扰

有些小朋友在上课听讲的时候，他周围的环境很安静，并且周围的同学也都坐得很整齐，都在认真地听老师讲课。

但是他的内心却无法平静，因为他突然想到了放学后他要和妈妈一起去姥姥家吃饭，于是，他的脑海中呈现出了满桌饭菜的情景，思想很自然地就走了神，老师所讲的内容一点儿也没有听进去。

这种由想象饭菜的情绪所引起的兴奋，导致了内心干扰所造成的注意力不集中。

要改变这种自己内心所带来的干扰，首先，要立即意识到这样会分散注意力，影响当前的学习和记忆。

其次，要采用注意力转移法，将自己的注意力转移到一个与当前不相关的事物上。

有时，出现注意力不集中的情况时，要提醒自己立

即将注意力重新集中起来。

排除内心干扰有多种方法，最常见的一种就是静下心来数数，从1数到100，如果不行，再从100倒着往回数，直到内心非常平静，能全身心投入到一项思考中去为止；

另外一种常用的方法就是动手画图，在纸上画简单的几何图形，直到内心只剩下这些图形为止。

只要你细心发现，就能发现出更加有效的方法来提高你的注意力，从而在学习中获得好成绩。

冥　想

人们把思考称做和自己约会，现在拿出10分钟，什么也不做，只是保持思想警觉和精神集中。想一想，为什么做这件事如此艰难？

在大脑中做好近期计划

你是一个做事有计划性的孩子吗?

有计划的学习才是最有效率的学习。

现在就教你一个简单的在大脑中做好近期计划的方法:

选择5个问题去思考，这5个问题中有4个问题是近期非常重要又必须及时去做的，比如近一星期的学习计划、要和妈妈一起去超市给自己买学习用品、参加一场很重要的活动、和好朋友约好了一起去植物园观察郁金香……

另外一个问题是用来应急时需要考虑的。

对于以上4个问题，你需要就每个题目详细地加以考虑，每个题目思考3分钟，包括你所能想到的所有细节(时间、地点、和谁、主要内容、需要时间、乘坐何种交通工具、注意事项、备注等)。

注意要将最主要的问题放在第一位，以此类推,但一定要依照前后次序进行。

现在就将你想到的4个问题写下来吧!

这种方法可使小朋友们有效地利用时间，学会对自己有所规划，从

而提升小朋友的学习效率。

小朋友制订的近期计划，可以是自己近一个月的学习规划，也可以是近半年的阅读计划等。

这种有准备的学习非常有助于提高小朋友的注意力，可以将他们的精神提前集中起来，从而更好更快地完成学习任务，取得更好的成绩。

计　划

（1）计划看一些书或者电影等。

（2）做一次日记整理。

（3）练练书法，用毛笔和钢笔间隔练习。

培养持久广泛的兴趣

将你的兴趣点写在下面的横线上：

（1）最喜欢的人：______

（2）最喜爱的运动：______

（3）最爱听的歌：______

（4）最喜欢唱的歌：______

（5）最爱看的一部电影：______

（6）最了解的乐器：______

（7）最喜欢的娱乐用具：______

（8）最喜欢穿的衣服：______

（9）星期天最喜欢做的事：______

（10）自己的口头禅：______

（11）最喜欢的颜色：______

（12）最想去的地方：______

（13）最喜欢的动物：______

（14）最崇拜的人：______

（15）最喜欢看的一本书：______

（16）平常最喜欢做的事：______

（17）最高兴的时刻：______

（18）最大的梦想：______

你能在3分钟之内完成上面的答案吗?

前提是你必须如实回答，如果涉及到你不想让别人知道的答案，你就打个“≈”吧。

如果有些问题的答案选不定，那你就把你所选到的写在上面并给予注明，你知道为什么填这个表格吗?

因为这个表格能反映出你的兴趣点，这对父母了解你的成长有很大的帮助。

对于你的特长，你最好坚持下来，说不定它有一天会帮你走向成功呢!

你发现自己的兴趣点了吗?

嘿嘿，你以前不知道吧，现在，就开始培养你的兴趣点吧。

寻找兴趣点

准备一个可以方便随身携带的小笔记本，将自己一天中感兴趣的东西记录下来（可以是一件事、一种花的颜色、一句话、一种食品等），坚持这样的记录一个月。经过仔细整理，你就会发现自己的兴趣点到底在哪里了。祝你成功!

11 锻炼自己的耳朵，别分散注意力

耳朵是用来听声音的，但耳朵有时却会听到一些不利于集中注意力的声音。

比如，小朋友们正在认真地听讲，忽然从外面传来一阵阵悠扬的钢琴声，同学们的注意力肯定会被琴声所吸引。

这样，声音就会对注意力起到分散的作用。

但是，声音也会集中注意力，比如，你正在喧哗的大街上闲逛，忽然一声呼叫就会吸引你全部的注意力，会促使你好奇地循声望去。

声音训练法就是要让你的注意力长久的集中。

如果你在家里，就可以倾听时钟走动的声音，也就是听时钟“滴答”的声音；

也可以在家里打开音乐，注意要把声音调低，微弱的声音会促使你集中注意力，仔细地听上3分钟，然后试着把它的内容复述一遍。

如果你在喧嚣的街头，就可以集中精神去听一种声音，如汽车的行驶声、公交车的喇叭声、行人的脚步声、远处传来的音乐声……

进行这种训练，大脑会自动排除那些你不想听到的噪音，这样就能使大脑冷静下来，注意力跟着就会集中起来，你就能够快速地把精神集中在某件事情上了。

声音训练法

（1）假如你在路上，那么就注意听车来车往的声音。

（2）假如你在超市，你就试着听人声鼎沸。

（3）假如你父母正在用电脑，你就听他们敲击键盘所发出的声音。

给自己创造一个感兴趣的环境

注意力通常与兴趣联系在一起，比如你正在电视前看一场你非常喜欢的篮球赛，这时，妈妈却让你上街买醋，你答应着就出去了，一路上还在关心着比赛的战况。

等你到了商店，却忘了妈妈让你买醋还是买盐；

这就是注意力太集中所造成的问题。

一个人的注意力集中程度与他所处的环境有着密切的关系，因此，给自己创造一个感兴趣的环境，对提高注意力非常重要。

可能你有这样的感觉，当在上早读的时候，很容易就能将所要背诵的内容记下来，但是如果在中午休息的时候背诵的话，你却发现需要相当大的精力。

这是因为在早读的环境中，大家都在背诵，而在中午却只有你一个人背诵，缺少了早读时的公共环境，注意力不能较好地集中起来。

注意力是只对你感兴趣的内容感兴趣，因此，要想很快记住所要记住的内容，就要提高注意力，给自己创造一个感兴趣的环境。

（1）思考一下自己在哪种情况下注意力最集中，学习效率最高？

（2）学会给自己创造一个能很快提高注意力的环境。

13 不要让难点分散了你过多的精力

小朋友们可能都有这样的经历：

对那些我们感兴趣的事情，去观察和探究时，就比较容易集中注意力。

比如说你喜欢学习英语，上英语课时，你就会非常兴奋，并且注意力会高度集中，一节课结束之后依然不感觉疲劳。

反之，你感觉数学很难，尤其对那些口诀验算厌烦至极，那么轮到上数学课时，你就会心不在焉，听一会儿就想打瞌睡，甚至嫌数学老师罗嗦。

不用说，你的数学成绩远没有英语好，这就是让难点影响了你的注意力。

对待这种情况，如在听数学老师讲课的过程中，无论出现何种不理解的环节，都不要在这个环节上停留。

要继续听老师往下讲，可以先将这个难点用笔记下来，争取不要因为它而影响了你后面要听的内容，课后再全力解决这些问题。

同样道理，当你在看一本书的时候，开始有些难点你不太理解，不要紧，放下

来，接着再往下阅读，千万不要被前几页的难点挡住，对整本书望而止步。

每当在考试的时候，这招尤其有效。

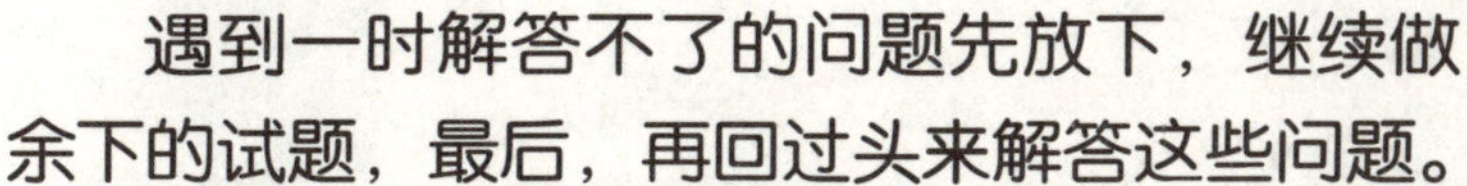

遇到一时解答不了的问题先放下，继续做余下的试题，最后，再回过头来解答这些问题。

这样不仅节省了大量的时间，也避免了钻牛角尖，同时，注意力也得到了最大限度的集中，并提高了解题的效率。

X 训练法

请注视下面这个X，看你能注视多久，请爸妈或同学记录下时间。

14 管好自己的眼睛，轻松集中注意力

视觉刺激是造成注意力分散的主要因素，因此，管好自己的眼睛，是集中注意力的关键。

现在教给小朋友们一种专门训练眼睛集中程度的方法：

在家里拿一个小物品，诸如圆珠笔、钥匙、小刀、水杯等，仔细凝视选定的小物品，直到厌烦为止，在此期间，眼睛不要被其他的东西所吸引；

然后将眼睛闭起来，回忆刚才所见的小物品，例如你选定的是圆珠笔，可以将其颜色、形状、长短等外形特征描绘在脑海中，并试着将这些细节特征详细地说出来。

如果第一次有些细节说不出来，那么就再来一次，直到能够说得准确无误为止；

然后将思维从圆珠笔上移开，再睁开眼睛。

这种集中注意力的方法可以随地使用，比如在商场里的商品陈列台前，尽量排除干扰，非常仔细地看60秒钟以上；

你可以看陈列柜里有多少种商品，可以看商品的摆放形式，也可以看某个商品的外观、规格、商标样式等，然后转过身去，试着回忆一遍，直到想象地准确

无误为止。

但是这种方法只适用于静止的物件，如果你找的是到处乱飞的苍蝇、蚊子等，这样只会让你更加散漫而难以专心。

试试这种方法吧，据说它的成功率很高哦。

鼻尖凝视法

（1）眼睛微张，盯着自己的鼻尖看，持续约1分钟。

（盯着自己的鼻尖是随时随地都可以做的动作，因此是最简单的物品凝视法。）

（2）闭上眼睛，在脑海里想象鼻尖的样子。

（这时你可以想象自己的脑海里充满了鼻尖的影子。）

（3）重复此动作约5次。

第四章

培养思维能力

跳出思维框框思考问题

一般而言，我们在思考问题的时候，大脑无意中就会提供一个思考的范围，但是这样的思考方式往往无法令人满意。

现在就教你一个跳出思维框框的思考方式，这就是能培养人的创意能力的创新思维。

那么，现在我们来做几个文字游戏吧：

一个玻璃杯里没有水，也没有饮料，问题：里面有什么？

想一想，再给我一个答案,你是不是说什么也没有呢，那你就错了。

其实，你可以说有空气，因为这个问题的答案没有限制你太多，除了水或饮料别的东西（只要装得下）都可能有啊！

有句话说：眼见为实，其实不然，空气是肉眼看不见的，所以我们思考问题的时候往往会把它忽略，因此，眼不见不一定不为实——空气确实存在于杯子里。

那么，你在思考一些问题时，必须调动你的感觉和知觉能力，这样你获得的答案才不会出错哦。

还有句话说：竹篮打水一场空，那么，脸盆打水呢？

小朋友，每次回答问题一定不要急着回答，还是要想想再回答，脸盆打水可不一定能打到水，因为脸盆有可能是坏的啊！

这样的创新思维能力需要在平时多做练习，可以从最简单的联想开始，大脑慢慢就有创新的思维而不受思维定势限制了。

脑筋急转弯

（1）动物园的大象死了，管理员为什么很伤心？

（2）小毛毛虫要过冬了，说了一句什么话使毛毛虫妈妈哭笑不得？

训练一下你的发散思维能力

人的思考能力可以分为直线思考和曲线思考两类，它们最大的区别在于：

曲线思考的人考虑问题全面，做事圆滑，速度总比直线思考的人快一步。

这就是令人痴迷的发散思维游戏的关键所在。

下面的一个思考题，可以使你在发散思维中受益哦。

达达和乐乐两兄弟经常用摩托车进行双人飚车比赛，爸爸对此很头痛。

一天，爸爸对他们说："你们两个现在进行摩托车比赛，晚到的人将获得出海旅游的机会。"

爸爸以为这样就可以阻止他们飚车了，没想到比赛一开

90页问题答案：（1）挖埋大象的坑要挖多久啊！（2）妈妈，我要买毛衣。

始，两兄弟的车速比以前更快了。

可这是为什么呢，你能帮爸爸想想吗？

如果按照通常的思维逻辑的话，你怎么也想不出是这两个机灵鬼兄弟在搞鬼吧？

呵呵，他们俩交换了彼此的摩托车。

在思考问题的时候，一定要突破常规，不能将自己限制在一个固定的框框里。

这样你才能越来越聪明哦。

词 语

现在给你一个字，比如“空”，请以“空”组词，填入下面括号中。

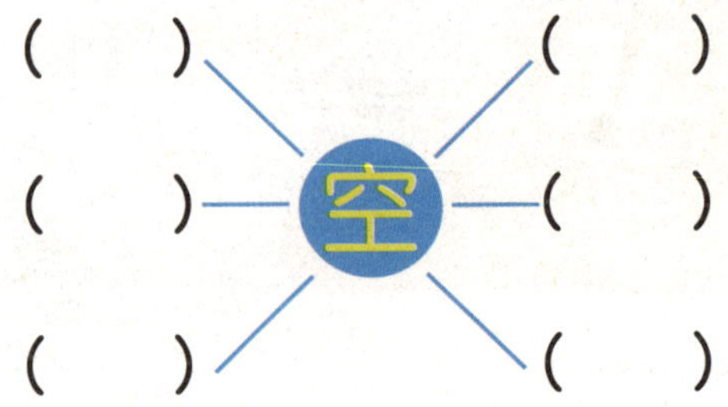

分析思维的奥妙

这是爱因斯坦在20世纪初出的谜题。

在一条街上，有5所房子，分别喷上了不同的颜色，每个房子里住着不同国籍的人，每个人喝不同的饮料，抽不同的香烟，养不同的宠物。

温馨提示：

英国人住红色的房子，瑞典人养狗；

丹麦人喝茶，绿色房子在白色房子左面隔壁；

绿色房子的主人喝咖啡；

抽Pall Mall香烟的人养鸟；

黄色房子的主人抽Dunhill香烟；

住在中间房子的人喝牛奶；

挪威人住第一间房子；

抽Blend香烟的人住在养猫的人隔壁；

养马的人住抽Dunhill香烟的人隔壁；

抽Blue Master的人喝啤酒；

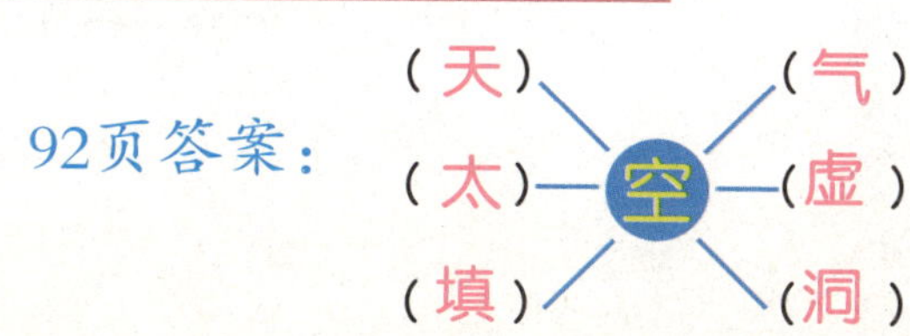

德国人在抽Prince香烟；

挪威人住在蓝色房子隔壁；

抽Blend香烟的人有一个喝水的邻居。

请问：谁养鱼?

遇到这么繁琐的问题，小朋友的第一感觉可能就是：

“哇，这么多条件，太难了，我选择放弃！”

如果你真要这么做的话，那就大错特错了，因为上面那么多的条件都是“纸老虎”，只要你仔细分析就会发现，其实很简单！

分析思维最大的奥秘之处，就在于它不会直接地告诉你“1+1=2”，而是通过独特的方式一步步引导你，教你分析看似很难的问题，帮你解决问题，而你在无形中也提高了分析问题的能力。

我们就上题分析一下吧，通过分析可知：

挪威人住黄房子，抽Dunhill，喝水，养猫；

丹麦人住蓝房子，抽Blend，喝茶，养马；

英国人住红房子，抽Pall Mall，喝牛奶，养鸟；

德国人住绿房子，抽Prince，喝咖啡，养鱼；

瑞典人住白房子，抽Blue Master，喝啤酒，养狗。

最后，我们很自然就能得出答案：德国人养鱼。

知道了吧，分析思维最有趣的是分析的过程，只要你不断训练，相信你一定能成为高手哦！

4 推理思考对智力影响大

小朋友们可能以为推理思考只是侦探的专利。

事实上，我们平常一直都在使用推理性的思考方式呢。

比如，你每天都能在放学回家的路上遇到一个小朋友，你可以就此做出推论：

他可能与你住同一个小区，甚至同一栋楼内。

此外，如果你这次考试获得了好成绩，你在高兴之余肯定会想：

“因为我这段时间花费了大量的精力用来学习，认真完成了作业，并且在考前非常有信心。”

这些想法就是非常简单的“推理性”思考。

所以，推理思考简单来说，就是弄清楚“为什么会产生这样的状况”以及该“如何来处理这种状态”的思考方式，这也就是为什么那些探长聪明的缘故了。

现在，就用下面的题目测试一下你的推理能力吧！

粗心的汤姆先生把5 000美元现金搁在了客厅的桌子上。

等他想起来的时候，钱已经不见了。

而家里只有他的两个孩子：杰米和雷米。

杰米说：“是的，我看见了。我把它放在了你房间的书桌

上，并用一本黄皮书压着。”

雷米说：“是的，我也看见了。我把它夹在了黄皮书的第113页和第114页之间。”

如果你是汤姆，你知道是谁撒了谎吗？

用上面的分析来推理，从杰米的话中，我们找不出任何破绽。

再看看雷米的话，仔细推理则会发现：

黄皮书的第113页和第114页是正背页，而不是对开页，当然无法将钱夹在里面了，由此可以判断出雷米在撒谎。

提升逻辑推理能力需要细心、经常练习，并多问为什么会出现这种状况；

同时，你也可以进入角色，使用换位思考的能力，来提升自己的演绎能力和推断能力。

这样，你很快就能找到答案了。

数字推理题（菲波那契数列）

现在给你一组数字你能猜出问号是什么数吗？

1、1、2、3、5、8、13、21、34、55、89、？、……

想象思维锻炼你的全脑

被称为“20世纪最聪明的人”的爱因斯坦曾经说：“想象力比知识更重要。”

想象力在儿童的生长发育期尤显重要，想象思维不仅可以改善你的想象力，而且可以促进小朋友的全脑发育。

下面有一组测试你想象思维的试题，看自己的想象空间是不是很大呢？

试题：

（1）哥伦布冒险航海绕地球时，最先到达的地方是现在的哪里？

A. 不知道 B.美国东北部 C.中美洲群岛 D.巴西 E.非洲好望角

（2）一个探险家在前进的途中遇到一片广袤的森林。请问他最多能走进森林多远？

（3）有一个人从20层大楼的窗户上往地面跳，虽然地面没有任何铺垫物，可是他落地后却没有摔伤，这是怎么回事？

（4）在漆黑的夜里，有一个人在房间里看报纸，这时，突然停电了，屋里伸手不见五指。但那个人仍能继续看报纸，一点儿也不受影响，这到底是怎么回事？

（5）平平感冒了，医生给他开了一瓶药片。药瓶是用软木塞子密封的。在不拔出瓶塞，也不在上面穿孔的情况下，能

96页问题答案：144。仔细观察可以发现每个数（除前两个数之外）都是它前两个数之和。

从完好的瓶子里取出药片吗?

以上是五个关于想象思维的游戏，需要你开发自己的想象力，用平时的常规思维是想不出来的哦。只要你答对了上面任意四道题，说明你的想象思维超强!

想象思维在提升左脑逻辑思维能力的同时，也提高了右脑的想象力。

这种思维方法，真可谓一举两得啊。你还不趁此机会，好好表现一把?

试题答案:

(1) A，因为冒险航海绕地球的是麦哲伦。

(2) 最多走进森林的一半，因为再往前走就不是“走进”，而是“走出”了。

(3) 他是从一楼的窗口跳下去的，肯定没事。

(4) 因为是个盲人在读盲人报纸。

(5) 很简单，只要把瓶塞摁到药瓶里面去，就可以取出药片了。

单词连连碰

现在给你一个单词，比如：sea，请你以末尾一个字母联想到apple，然后你联想到eat……如此循环，看你能不能回到单词sea。

培养你的逻辑思维能力

某电视台要举行吃西瓜比赛，一共邀请了5对情侣参加。

决赛前一共要进行4项比赛，每项比赛每对情侣都要派出一名成员参加。

第一项参赛的人是：吴刚、孙全、赵亮、李利、王林；

第二项参赛的人是：郑成、孙全、吴刚、李利、周文；

第三项参赛的人是：赵亮、张落、吴刚、钱佳、郑成；

第四项参赛的人是：周文、吴刚、孙全、张落、王林。

刘某因故没有参加第四项比赛。

根据以上信息，你能说出谁和谁是情侣吗？

上面是一个非常简单的逻辑推理试题，你可以从“每项比赛每对情侣都要派出一名成员参加”入手，由于吴刚参赛4次，而刘某因故没有参加，那么，吴刚与刘某是一对情侣。

对其他几个人进行逻辑推理，很快就能得出答案：

（1）孙全和钱佳是一对情侣；

（2）赵亮和周文是一对情侣；

（3）李利和张落是一对情侣；

（4）王林和郑成是一对情侣。

每当面对这样的逻辑推理问题时，你首先要寻找突破口，牢记每一条信息，加上平时多加练习，灵活运用大脑，相信你的逻辑思维能力很快就能得到提高。

语言推理游戏

试着跟名言或谚语唱反调！

（1）好奇心惹祸根。

____

（2）慎思不是拖延。

____

（3）山穷水尽疑无路，柳暗花明又一村。

____

第五章

想象的空间

1 经常做些文字联想游戏

请选出适当的词语：

（1）绿叶：红花 高楼？

A大厦 B天空 C工地 D电梯

（2）足球：巴西 篮球？

A德国 B美国 C中国 D新西兰

（3）轮船：大海 飞机？

A机场 B飞行员 C天空 D陆地

或许这样的文字问题在无聊的考试中会遇见的更多一些，但你知道怎样来解决它们吗？

现在我们使用一种联想的游戏方法：

（1）先仔细看游戏题目中前面两个名词，然后找出它们之间的关系，比如“足球：巴西”，小朋友都知道巴西的足球世界闻名，不仅多次获得了世界杯冠军，而且还有我们熟悉的足球运动员，比如“球王”贝利、现役的罗纳尔多等，因此，“足球”当然就要选“巴西”了！

（2）因为篮球最先诞生于美国，NBA是每个篮球爱好者的天堂，所以“篮球”当然选“美国”了。

这种“找相互关系”的游戏方式好玩吗？

它不仅能让你开发想象力，而且能变枯燥的考试为快乐的游戏。

如果你能经常练习，不仅能够使你找出事物之间的关联性，而且还能提高你的智力。

我们再来玩玩另外一种形式的文字联想游戏吧：

文字联想游戏：

（1）衣服——（　）——（　）——（　）——（　）——（　）——（北极熊）

（2）电脑——（　）——（　）——（　）——（　）——（　）——（南非）

（3）矿泉水——（　）——（　）——（　）——（　）——（　）——（银行）

上面这种文字游戏小朋友们经常玩吧？

你可以天马行空地联想，然后在括号里面填上你想到的名词。

现在我们就拿上面的第2题来试着填一下，在括号中填上如下名词：

电脑——箱子——警察——自行车——猴子——飞机——南非

对上面这样的一连串词语，我们可以这样联想：

电脑是四方的，箱子也是四方的，箱子里面要装好多东西，而警察要将犯人关在如箱子一般的监狱里，正好关在监狱里面的人是个偷自行车的小偷，这辆自行车是一只猴子的，但是猴子却说："我已经有私人飞机了，经常往返于花果山和南非之间。"

这样的文字想象有意思吧，以后你要记住一些新的词语时，就可以采用这种方法哦。

培养正确的想象力

想象力也有正确与错误之分，我们要把想象和现实结合起来，并积极地动手去做，这样就可避免将想象变成空想；

同时，想象应该是积极向上的，这样我们的想象才有意义。

有这样一个故事：

一天傍晚，在漆黑偏僻的公路上，一个人的汽车抛了锚：轮胎爆胎了！

这个人翻遍了工具箱也没有找到千斤顶，而且这条路半天都不会有车辆经过。

他远远望见一座亮灯的房子，于是决定去向房子的主人借

千斤顶。

在路上，他不停地想：

“要是没人来开门怎么办？”

“要是他家没有千斤顶怎么办？”

“要是那家伙有千斤顶，却不肯借给我，该怎么办？”

顺着这种思路想下去，他越想越生气，当他走到那间房子前，敲开门，主人刚出来，他就冲着人家劈头一句：

“你那千斤顶有什么稀罕的！”

弄得主人莫名其妙，以为来的是个疯子，“砰”的一声就把门关上了。

这种类似的想象在我们生活中经常发生，由于投入了想象，就会情不自禁地做出与想象一致的举动，这就是为什么要培养正确想象的原因。

榴莲联想

看着榴莲进行联想，你能联想到什么？狼牙棒？仙人球？还有吗？

给自己一个想象的空间

美术课上，老师让学生们画出自己心中的想法，同学们都在努力画着自己心中的想法。

几十分钟后，同学们都将自己的作品交到老师手中，其中一个同学的画引起了老师的注意，他画的太阳是绿色的。

老师将这张画拿出来让作者解释一下。

这个小作者站起来，战战兢兢地说：

“老师，我感觉今天太热了，所以就将太阳画成了绿色，这样就会感到凉爽些。”

老师先是一愣，继而非常高兴地赞扬了他的想象力。

在老师的赞扬下，这个小作者勤奋学习，最终成为一名很有成就的艺术家。

你有这样的想法吗？比如将太阳想象成你所想要的样子，或者你希望白天、黑夜能按照你的意志，随心所欲地控制它们，这样你就可以不用怕上学迟到，等你睡够了，天再亮。

这些怪诞的想法都

是你所需要的，因此你需要给自己一个想象的空间，在家时，你可以让爸爸、妈妈参与到你的想象中来，最好给他们分配一些角色。

不管在任何时候，你都要让自己的头脑充满想象，比如和妈妈一块去商场，你可以就某件商品的外形、颜色、产地等产生联想。

随时随地准备好想象，这样你的智力肯定会比其他人高很多，而且有助于你的成长哦。

想象长智力

（1）将家想象成一个王国，并给自己、爸爸、妈妈、爷爷、姥姥等安排适当的角色，试着编出各个角色需要说的语言。

（2）对着电视上的某个画面，想象这个画面会表达出什么样的情景。

（越荒诞越好，试试吧。）

学会观察并描绘见到的形状

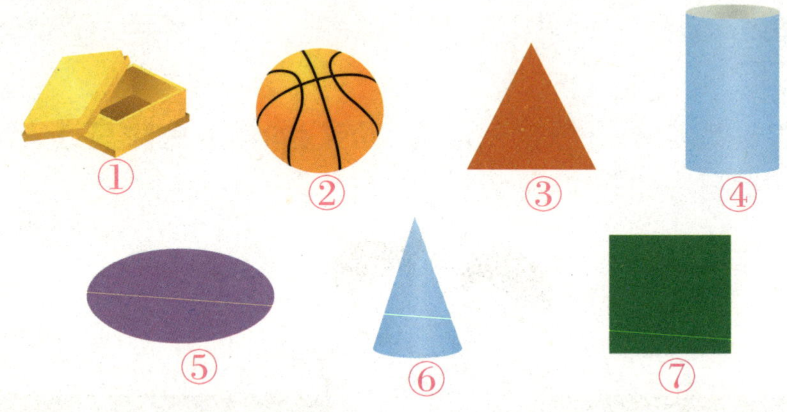

你能一一说出上图形状的名称吗?

它们都是小朋友们将来要学习的“几何”课程中常见的图形。

它们的名称分别是：长方体、球体、三角形、圆柱体、椭圆形、圆锥体和正方形。

如果你自己观察这些图形的话，就会发现它们都各有特点。

比如，把一个方形的箱子水平放在地上，你永远最多只能看见它六个面中的三个面，它们分别是一个水平正面、一个垂直正面、一个侧面。

而像篮球这样的圆球形物体，你最多只能看到它一半的面貌。

其实，这些各异的形状在我们生活中非常常见。

现在就请你将能想到的各种形状的物体写下来吧：

形状	各种形状的物体
三角形	
正方形	
长方体	
球体	
圆柱体	
圆锥体	

只要你对身边的事物留心一下，上面的表格你肯定能很轻易地将其填满。

你可以用硬纸剪出各种形状的图形，然后混在一起，让你的朋友随便挑出一种，你马上说出该图形的名称，之后一口气举几个例子，记下你说出的图形数量；

然后你和朋友互相交换一次，也记下他说的数量。

看谁知道的图形实例多，但是每个实例只能说一次哦。

图形识别

请问：一个标准的足球有多少个正五角形、正六角形？

（先估计一下，如果还是数不出来，可以找来足球数数。）

5 有空欣赏欣赏艺术

小朋友，你知道什么是艺术吗？

对喽，一般来说，艺术包括文学、电影、绘画、音乐、舞蹈等。

其实，艺术在我们生活的世界中无处不在。

例如，你每天都要听歌，完成作业后要看电视，你听的歌、看的电视剧都是艺术，所以，生活中不能缺少艺术。

对于这些东西，我们就要学会去欣赏它，让它为我们的生活和学习带来快乐和美感。

艺术都是艺术家想象和灵感结合的结晶。

科学研究证明，经常欣赏艺术的人，他们的想象力比平时不欣赏艺术的人要高2~3倍。

比如，你听《高山流水》，就能听出水流的声音、高山中鸟的鸣叫声，有种带你回归大自然的美感。

看绘画艺术，使你的视觉受到刺激的同时，还能锻炼你的立体意识和空间想象能力。

我们所看见的任何一样东西，都可以看做是一件艺术品。

你可以做一个小实验来试试看：

在桌上放一枚杨桃，分别站在杨桃

的正面、侧面、背面，看看你所看到的杨桃还是你印象中的杨桃吗?

当然，你也可以采用仰视、俯视、斜视、睁一只眼闭一只眼的方式，来看杨桃的外形。

只要你学会了欣赏艺术，你的大脑中就会有好多别人想象不到的东西，你理所当然地就是一个“艺术家”了。

培养小小艺术家

（1）学会唱5首以上自己最拿手的歌，用歌声为身边的人带来欢乐。

（2）将你想象到的立体形状尽可能地画出来。

（3）列出自己最喜欢看的5部影视作品，并能一口气说出主演的姓名。

（4）学会画画或一种乐器或一支简单的舞。

6 学画路线图

你对自己经常走的路熟悉吗?

大概你还没有给自己画路线图的习惯吧。

但是，每次你去公园时，却总能在票的背面看到画的公园游览路线图，它能帮你在大脑中形成一个路线图。

其实你也可以为自己设计一个路线图，最开始先学习画自己熟悉的路线，比如从学校到家里的路线。

你首先要想想沿途对你影响最深的标志物，确定方位后就可以画出学校到家的路线图了。

同样道理，如果别人画出了学校到家的路线图，你要很快识别出来自己所在的方位，这就相当于你在地图上寻找某个目标一样。

看地图是锻炼自己空间想象力最简单的方法，但是，只有学会为自己的出行设计一幅详细的路线图，才能说明你真正具有了良好的空间想象力。

这需要小朋友们平时多多练习，在外出的时候，一定要学会利用标志性事物，为自己建立空间感，并对方向要敏感，这样你才能画出具有实际意义的出行路线图。

画路线图

（1）设计一个路线图，共有三条路线，然后提出问题，写在下列方块内：

（2）有一条路线，但是很乱，需要你给它画出路线图：

其中，有车站、家、超市、学校、广场、动物园、公园、体育场。动物园在最北面，体育场在广场的西南，公园在体育场的西面，车站在动物园的东南，超市在广场的东面，在车站的正南，学校在家的东南，与广场成一条直线，家在公园的正北，动物园在家的正东面。

请问：你能画出这幅路线图吗？

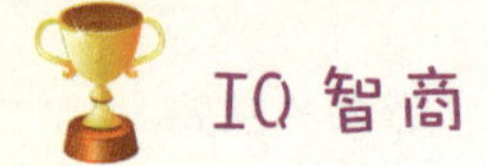

当个小作家

你有写日记的习惯吗?

如果你每天都坚持写日记，你肯定和那些从不写日记的人截然不同。

要知道，写日记可以提升你的文字运用能力，这对将来想要成为作家的小朋友有很大的帮助。

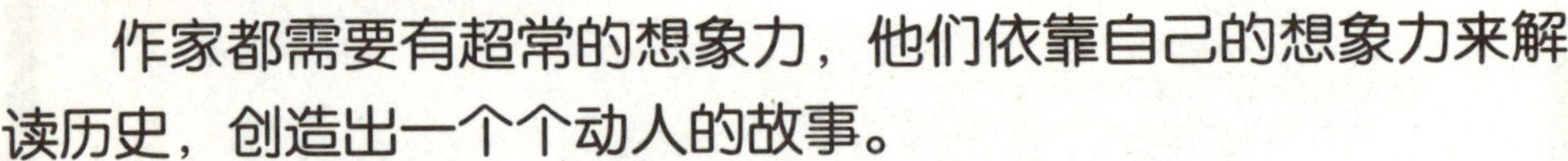

作家都需要有超常的想象力，他们依靠自己的想象力来解读历史，创造出一个个动人的故事。

要想当个小作家，就要先从提升想象力开始。

小朋友的想象一般都是一段一段地呈现出来的，但是只要你将这些连续不断的想象组合起来，并给其添加相应的人物，再通过你的想象编造一些情节，这样一个完整的故事就形成了。

当然，要想成为一个小作家，你还要经常动笔动脑，将你的所见所闻所感记录下来，同时，多看课外书、多参加社会实践，

亲身体验生活中的每个细节。

这样才能激发你的想象能力，成为真正的小作家。

记一记，写一写

看下图，请自由发挥，并将自己想到的内容记录下来。（要求：不得少于300字）

8 妈妈讲故事，我来编结局

故事最能启发小朋友的想象力，但是你是不是更喜欢那些需要你亲自编出结尾的故事呢？

这样不仅能锻炼你的想象力，还能提高你的写作能力呢。

建议你采用“妈妈讲故事，我来编结局”的互动学习法。

试试看吧：

一天晚上，母亲正在厨房做饭，儿子独自在洒满月光的后院玩耍，他蹦蹦跳跳，玩得不亦乐乎。

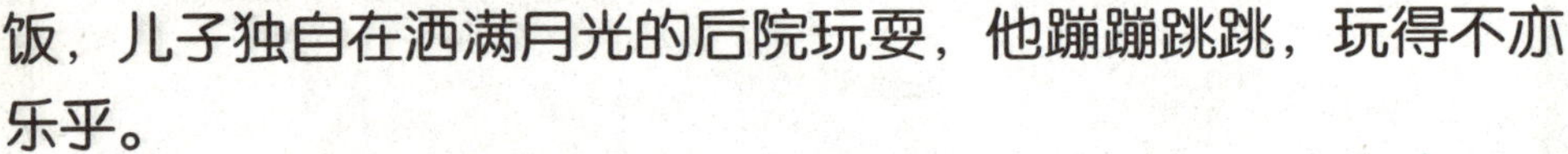

母亲不断听到传来的阵阵“咚咚”声，很是奇怪地大声询问：“儿子，你在干什么？”

天真无邪的儿子大声回答：“妈妈，我在试着跳到月球上去。”

母亲笑笑说：“好啊，不过一定要记得吃晚饭啊！”

这就是一个没有结尾的故事，你可以认真地阅读一遍，然后给它编一个合理的结局。

当然，你也可以给妈妈讲一个你自己编的故事，也考考妈妈的想象力，让她编一个结局。

你需要做的就是将你们想到的故事结局用笔记录下来，然后连接成一个完整的故事就行了。

改　编

（1）找一篇文字，将它改成你喜欢的样子，主要体现在结尾变化上。

（2）请根据“山雨欲来风满楼”这一诗句，改成一篇短文。（要求：字数300字，请自由发挥。）

利用想象解决实际问题

在学习和生活中，会遇到很多类似下面的问题：

一根棍子用锯子从中间锯一下，会变成两根；

如果锯三下，能变成多少根呢？

呵呵，像这样的问题，如果不允许你画图演示，更不让你实际试验，你能一下子就说出答案吗？

对了，答案是4根。

但是如果将3根同样的棍子放在一起，连锯4下，又会变成多少根呢？

看来，这个问题还真要动手画图演示一遍才能知道答案。

在影视作品中，那些有名的侦探家都是通过想象还原案

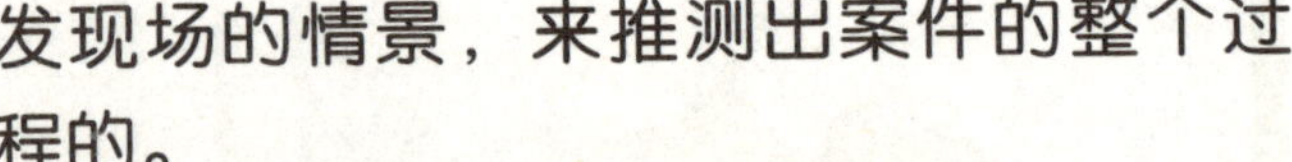

发现场的情景，来推测出案件的整个过程的。

这样做需要有足够的想象和空间感知能力，就如同上面所说的用锯子锯棍子一样，如果你有很好的空间想象力，完全就可以在脑海中浮现出3根棍子放在一起被截四下之后的样子。

同样道理，如果

要你计算出12×13等于多少，你也可以在脑海中浮现出乘法列式，很快算出答案是156，这就是所谓的“口算”或“默算”。

想象力在日常生活中运用非常广泛，只有那些有丰富想象力的人，才能灵活解决遇到的困难和问题。

运用想象力，解决实际问题

默算下面的试题：

$72\times13=$　　　　$121\div11=$

$(12+56)\div4+73=$　　　　$15+1234-286=$

10 动手画一些简单的立体图形

你喜欢画画吗?

那可是一件非常好玩的事情哦，只是不要把它当做任务来完成就好。

你可以要求爸爸给你买回一些画笔，在有空的时候学画简单的物体，你怎么想就怎么画，只要你觉得自己画得好就行。

比如，你可以画一个茶杯，但是在画茶杯之前，一定要从各个角度对茶杯进行观察，然后才能画出具有立体感、真实感的茶杯。

光说也没有用，还是来试着画画吧。

怎么样，感觉不错吧?

能说说在画茶杯之前自己是怎么想的吗?

是边看着手中的茶杯边画，还是看好了之后，一口气画完?

其实这两种方法都不错。

你在画某件物体之前，大脑中至少要有这个物体的形象，所以你就得动用想象力了。

那些艺术家比如画

家、雕刻家、音乐家等，都具有超乎寻常的想象力，因此，他们才能创造出令我们赏心悦目的艺术作品。

只要你肯动手动脑，将自己感兴趣的东西画下来，相信不久之后，你的空间想象能力就会得到很大的提高，你也有可能成为一名艺术家哦。

画出你喜欢的事物

（1）准备好一盒彩笔，将你想画的事物画下来。（比如，画一幅全家福）

（2）把自己的书包放在桌子上，然后试着画出来。

（3）给你的朋友画幅画。

想象力成就未来

享誉世界的德国文学家歌德小时候总会问一些不合逻辑的问题，而妈妈老是夸他是一个爱动脑筋的孩子。

一天，妈妈正在做饭，歌德坐在小凳子上看着妈妈的一举一动，他忽然向妈妈问道：“星星是从哪儿来的？”

妈妈对他说：“儿子，你想想看。”

歌德一边想，一边出神地注视着母亲手中的面团，然后他突然说：“我知道星星是怎么做出来的了，是用做月亮剩下的东西做的。”

妈妈听了儿子的答案非常激动，亲吻了自己充满想象力的儿子。

在母亲的鼓励下，歌德的想象力终于变成了世界上最优美的文字。

通过以上故事，你懂得了什么道理呢？

想象力在人的一生中占据着非常重要的地位，尤其是当我们年龄还小的时候。

小朋友平时就要多锻炼自己的想象力，比如看到一片非常奇特的树叶，你可以想象它是从天上掉下来的，那么天上一定有一棵奇特的树，甚至整片的奇怪森林，你也可以想象这些奇怪的树都结着你想吃的香蕉、苹果……

这些看似荒诞离奇的想象，却能启发小朋友去认识身边的世界，进而吸引小朋友去探索。

在这个过程中，小朋友的想象力就会得到飞跃的发展，当然，对自己的未来也充满了期望。

保持对身边的事物充满想象，就能锻炼孩子的想象思维，提高孩子的智力。

考考你的想象力

（1）看着右图，你能想到什么，将你的想象内容记下来，然后讲给妈妈听，看看妈妈能想到些什么？

（2）看着自己脚上穿的鞋子，想象一下鞋子生产的整个过程。

12 保持“怪诞”的狂想

不知你有没有这样的习惯：

一个人坐着无事可做的时候，总会想一些很“怪诞”的东西。

比如，如果现在全世界突然一片漆黑，我将怎么办？

或者如果天突然烂了个大窟窿，将会发生什么样的后果……

虽然这些想法不切合实际，一般人看来也没有什么意义，可是，它却能锻炼你的想象力，提升你对突发事件的瞬间应变能力。

其实，神话故事就是一种“怪诞”的狂想，比如盘古开天地、女娲补天、后羿射日、上帝造人等，这些都可以认为是一种狂想。

有许多伟大的发现、发明，最早就是“怪诞”的狂想的产物。

比如，牛顿看见苹果落地，就想象苹果为什么不落到天上去呢？

从而发现了万有引力定律；

瓦特看见蒸汽冲开了壶盖的现象，最终改良了蒸汽机；

张衡从小就对天空中闪烁的星星产生了浓厚的兴趣，后来发明了浑天仪、地震仪等科学仪器……

这些伟大的发明都与想象有密切的关系，而只有那些看似怪诞的狂想，才能产生伟大的力量，引导着我们向前。

越是那些荒诞不经的想象，越能启发小朋友对世界的思考和认识，保持“怪诞”的狂想，做个小小科学家。

试一试、做一做

（1）排除杂念，一心想某件事情，先在自己熟悉的领域想象。

（2）尽可能荒诞地想象，并且将你认为最荒诞的想象记录下来。

（3）每天可以在不同的场合想象，比如在睡前、在去学校的校车上、在超市里……

（4）以一个月为限，将自己每天最荒诞的想象串联成一个故事，可以是荒诞不经的，然后将这个故事讲给爸爸妈妈听，并准备好获取他们的奖励哦。

参考文献

[1] 陈书凯.200个聪明人的创意思维游戏[M].北京：中国纺织出版社，2006.

[2] 陈书凯.150个激发创意的游戏[M].哈尔滨：哈尔滨出版社，2006.

[3] 刘畅.增强记忆的最有效秘诀[M].北京：中国纺织出版社，2006.

[4] 陈书凯.超强记忆力训练法[M].北京：中国纺织出版社，2004.

[5] 李凌青、崔华芳.培养孩子意志力的关键[M].北京：中国纺织出版社，2006.